全国高等院校应用型创新规划教材·计算机系列

数据结构实验指导教程(C语言版)

李　静　雷小园　主　编

易战军　雷丽兰　陈　军　副主编

清华大学出版社

北　京

内 容 简 介

本实验指导教程是配合计算机及相关专业的“数据结构”课程而编写的。在内容编排方面，按照循序渐进、由浅入深的顺序设计、选取案例。全书共分两个部分：第一部分为“数据结构实验”；第二部分为“数据结构课程设计”。

第一部分(包括第 1～8 章)针对每个知识点，首先给出明确的要求，随后设计基础实验，特别是前几章在基础实验之后，设计了若干应用案例。这样有利于学生明确知识点在应用中如何使用，消除迷茫感、增强学习兴趣。

第二部分(即第 9 章)是课程设计，介绍在一个项目中如何选择和使用多种基本的数据结构，介绍如何有效地将它们融合在一起，解决实际的复杂应用问题。

本书可作为高等院校计算机及相关专业数据结构课程的实验教材。

图书在版编目(CIP)数据

数据结构实验指导教程(C 语言版)/李静，雷小园主编. —北京：清华大学出版社，2016(2024.8 重印)
(全国高等院校应用型创新规划教材・计算机系列)
ISBN 978-7-302-44860-0

Ⅰ. ①数…　Ⅱ. ①李…　②雷…　Ⅲ. ①数据结构—高等学校—教材　②C 语言—程序设计—高等学院—教材　Ⅳ. ①TP311.12　②TP312.8

中国版本图书馆 CIP 数据核字(2016)第 196550 号

责任编辑：汤涌涛
封面设计：杨玉兰
责任校对：吴春华
责任印制：杨　艳
出版发行：清华大学出版社
　　网　　址：https://www.tup.com.cn, https://www.wqxuetang.com
　　地　　址：北京清华大学学研大厦 A 座　　**邮　　编：**100084
　　社 总 机：010-83470000　　**邮　　购：**010-62786544
　　投稿与读者服务：010-62776969, c-service@tup.tsinghua.edu.cn
　　质量反馈：010-62772015, zhiliang@tup.tsinghua.edu.cn
　　课件下载：https://www.tup.com.cn, 010-62791865
印 装 者：三河市龙大印装有限公司
经　　销：全国新华书店
开　　本：185mm×260mm　　**印　张：**11.25　　**字　数：**282 千字
版　　次：2016 年 9 月第 1 版　　**印　次：**2024 年 8 月第 7 次印刷
定　　价：35.00 元

产品编号：070252-02

前　言

数据结构是计算机及相关专业中一门重要的专业基础课程。用计算机解决实际问题时，就要涉及数据的表示及数据的处理，而这正是数据结构课程的主要研究对象。通过对数据结构知识内容的学习，可以为后续课程，尤其是软件方面的课程打下坚实的基础，同时，也提供了必要的技能训练。此课程的学习质量将直接影响计算机软件系列课程的学习效果，因此，数据结构课程在计算机专业中具有举足轻重的作用。

根据我们多年的教学经验，认为学生学习数据结构的主要困难在于解题。学生在解题中经常会出现错误，原因在于实践能力不足。

要学好数据结构，仅仅通过课堂教学或自学获取理论知识是远远不够的，还必须加强实际动手能力的训练。只有通过实验课调试和运行已有的各种典型算法和已编写的程序，从成功和失败的经验中得到锻炼，才能熟练掌握和运用理论知识解决软件开发中的实际问题，达到学以致用的目的。

本实验指导教程是配合计算机及相关专业数据结构课程而编写的。本书在内容编排方面，按照循序渐进、由浅入深的顺序设计、选取案例。根据教学内容，针对学生的实际情况，本书在内容编排上共分两个部分。第一部分为“数据结构实验”；第二部分为“数据结构课程设计”。

第一部分(包括第 1～8 章)针对每个知识点，首先给出明确的要求，随后设计基础实验，特别是前几章在基础实验之后，设计了若干应用案例。这样有利于学生明确知识点在应用中如何使用，消除学生的迷茫感、增强学生的学习兴趣。

第二部分(即第 9 章)是课程设计，介绍在一个项目中如何选择和使用多种基本数据结构，介绍如何有效地将它们融合在一起解决实际的复杂应用问题。这有利于学生更深层次地掌握数据结构原理及其应用范围和过程。

本书具有以下特点。

(1) 基于案例驱动的教学内容设计。在实验案例的选择方面，不仅有针对知识点的基础案例，而且有对应的应用案例，从而使学生能够消除畏难情绪。我们在该实验教材的编写过程中，选择案例时由浅入深并精心设计了应用案例，以确保应用的完整性。

(2) 提供大量的源代码和开发案例。在该实验教材的编写中，摒弃了伪代码的描述，全部采用 C 语言源代码，这些源代码都是经过调试并且在教学过程中已经应用的，学生可以直接分析和模仿。同时，在重要的章节，都提供了较为深入的设计案例，例如多项式的运算、括号匹配判断系统、迷宫求解系统、最短路径求解等，为学生提供了更为深入的源码讨论和模仿的机会，极大地提高了教材的全面性、深入性和综合性。

(3) 提供典型的课程设计内容。为了更好地提高学生的专业技能训练水平以及提高学生的学习兴趣，在本书的编写过程中，编写成员根据自己多年教学的积累，整理出了适合

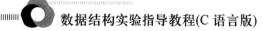

计算机专业学生实际情况的课程设计题目，并提供了相应的解决思路和源代码，为学生提供了很好的学习机会和训练机会。

本书提供案例程序的源代码(可运行)，并赠送 C++版案例实验教程。读者可以从清华大学出版社的网站下载。

本书可作为高等院校计算机及相关专业数据结构课程的实验教材。

由于编者水平有限，错误和不当之处在所难免，希望读者批评指正。

编　者

教师资源服务

目录

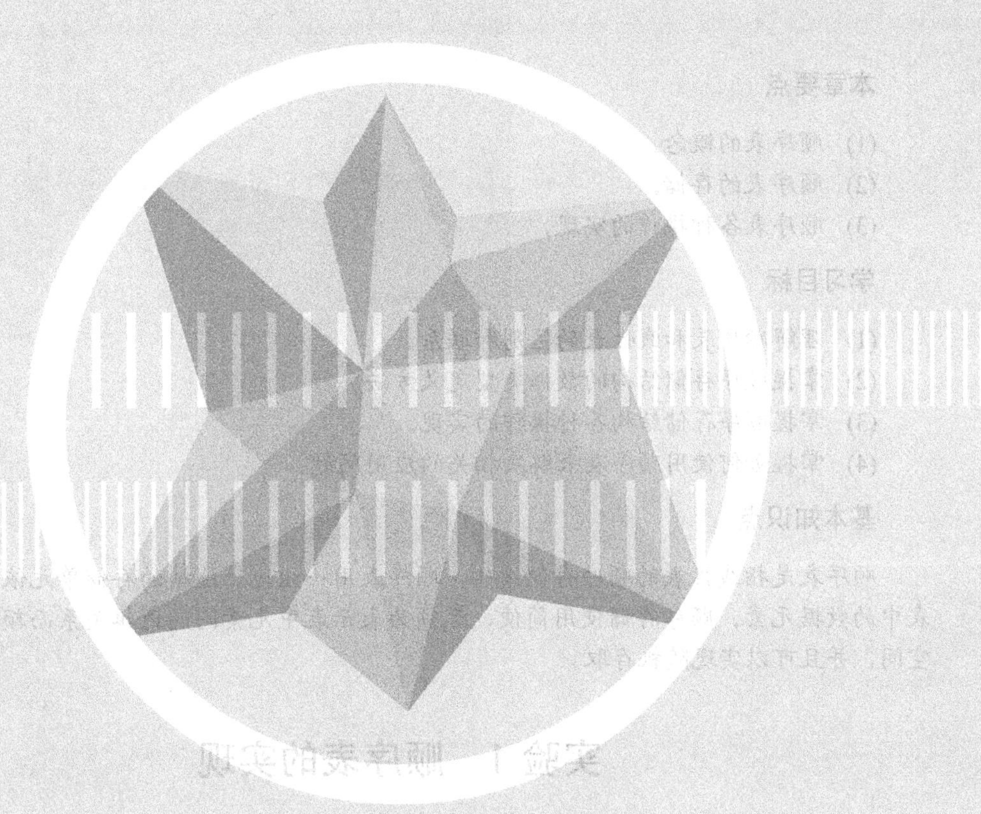

第1章

顺 序 表

本章要点

(1) 顺序表的概念。
(2) 顺序表的存储。
(3) 顺序表各种操作的实现。

学习目标

(1) 理解顺序表和线性表的区别和联系。
(2) 掌握顺序存储结构的数据类型定义方法。
(3) 掌握顺序存储结构各种操作的实现。
(4) 掌握如何使用顺序表来解决相关的应用问题。

基本知识点

顺序表是指线性表的顺序存储结构，顺序表用一组地址连续的存储单元依次存放线性表中的数据元素。顺序存储使用简便、无须为表示表中元素间的逻辑关系而额外增加存储空间，并且可以实现随机存取。

实验 1　顺序表的实现

1. 实验目的

(1) 掌握顺序表的存储结构。
(2) 验证顺序表及其基本操作的实现。
(3) 理解算法与程序的关系，能够将顺序表算法转换为对应的程序。

2. 实验内容

(1) 初始化顺序表。
(2) 在顺序表的第 i 位插入元素。
(3) 删除顺序表的第 i 个元素。
(4) 输出顺序表。
(5) 判断顺序表是否为空。
(6) 判断顺序表是否满。
(7) 求顺序表第 i 个元素的值。
(8) 查找值为 x 的元素。

3. 算法设计

用结构体来描述顺序表，结构体中包括表的大小、存放数据的数组、表的最大容量三个数据属性。

为简单起见，本实验假定线性表的数据元素为 int 型。

结构体的定义如下：

```
typedef int dataType;
typedef struct {
    dataType *data;
    int size;
    int maxSize;
} SqList;
```

应实现顺序表的初始化、插入、删除、判空、判满、求值、查找、输出等操作。

(1) void InitList(SqList *l)：初始化顺序表。
(2) void Insert(SqList *l, int k, dataType x)：在顺序表 l 的第 k 个位置插入元素 x。
(3) void Delete(SqList *l, int k)：删除顺序表 l 的第 k 个元素。
(4) int Empty(SqList *l)：判断顺序表是否为空。
(5) int Full(SqList *l)：判断顺序表是否满。
(6) dataType GetData(SqList *l, int i)：求顺序表 l 中第 i 个元素的值。
(7) int locate(SqList *l, dataType x)：在顺序表 l 中查找值为 x 的元素。
(8) void Print(SqList *l)：输出顺序表。

4．程序实现

程序完整的实现代码如下：

```
#include <stdio.h>
#include <malloc.h>
#define INIT_SIZE 100
typedef int dataType;
typedef struct {
    dataType *data;
    int size;
    int maxSize;
} SqList;

//初始化顺序表
void InitList(SqList *l) {
    l->data = (dataType*)malloc(INIT_SIZE * sizeof(dataType));
    l->size = 0;
    l->maxSize = INIT_SIZE;
}

//在顺序表 l 的第 k 个位置插入元素 x
void Insert(SqList *l, int k, dataType x) {
    if (k<1 || k>l->size+1) exit(1);
    if (l->size == l->maxSize) exit(1);
    for (int i=l->size; i>=k; i--)
        l->data[i] = l->data[i-1];
    l->data[k-1] = x;
    l->size++;
}
```

```
//删除顺序表 l 的第 k 个元素
void Delete(SqList *l, int k) {
    if (k<1 || k>l->size) exit(1);
    for (int i=k; i<l->size; i++)
        l->data[i-1] = l->data[i];
    l->size--;
}

//判断顺序表是否为空
int Empty(SqList *l) {
    return l->size == 0;
}

//判断顺序表是否满
int Full(SqList *l) {
    return l->size == l->maxSize;
}

//求顺序表 l 中第 i 个元素的值
dataType GetData(SqList *l, int i) {
    if (i<1 || i>l->size) exit(1);
    return l->data[i-1];
}

//在顺序表 l 中查找值为 x 的元素
int locate(SqList *l, dataType x) {
    for (int i=0; i<l->size; i++)
        if (l->data[i] == x)
            return i + 1;
    return 0;
}

//输出顺序表
void Print(SqList *l) {
    for (int i=0; i<l->size; i++)
        printf("%d ", l->data[i]);
    printf("\n");
}

int main() {
    SqList list, *pList=&list;
    InitList(pList);
    Insert(pList, 1, 10);
    Insert(pList, 1, 20);
    Delete(pList, 2);
    Insert(pList, 1, 30);
    Insert(pList, 1, 40);
    Print(pList);
    printf("%d", GetData(pList, 2));
}
```

5. 运行程序

运行程序后，将会显示如图 1.1 所示的界面。

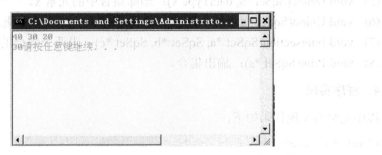

图 1.1　顺序表的输出

实验 2　顺序表的应用——集合运算

1. 实验目的

(1) 学会使用顺序表来解决集合运算问题。
(2) 掌握集合的交、并运算的实现。

2. 实验内容

(1) 创建一个空的集合。
(2) 从数组元素建立集合。
(3) 查找集合中是否存在元素 x。
(4) 往集合中增加元素 x。
(5) 删除集合的元素 x。
(6) 求两个集合的并集。
(7) 求两个集合的交集。
(8) 输出集合。

3. 算法设计

用顺序表来存储集合，结构体中包含集合的大小、存放集合的数组。
为简单起见，本实验假定集合中的数据元素为 char 型。结构体的定义如下：

```
typedef char dataType;
typedef struct {
   dataType *data;
   int size;
} SqSet;
```

应实现集合的并和交运算等操作。
(1) SqSet* CreateSet()：创建一个空的集合。
(2) SqSet* CreateSetFromArray(dataType a[], int n)：从数组元素建立集合。

(3) int Find(SqSet *s, dataType x)：查找集合中是否存在元素 x。
(4) void Add(SqSet *s, dataType x)：往集合中增加元素 x。
(5) void Delete(SqSet *s, dataType x)：删除集合中的元素 x。
(6) void Union(SqSet *a, SqSet *b, SqSet *c)：求两个集合的并集。
(7) void Intersection(SqSet *a, SqSet *b, SqSet *c)：求两个集合的交集。
(8) void Print(SqSet *s)：输出集合。

4. 程序实现

程序完整的实现代码如下：

```
#include <stdio.h>
#include <malloc.h>
#define MaxSize 100

typedef char dataType;
typedef struct {
    dataType data[MaxSize];
    int size;
} SqSet;

//创建一个空的集合
SqSet* CreateSet() {
    SqSet *t = (SqSet*)malloc(sizeof(SqSet));
    t->size = 0;
    return t;
}

//从数组元素建立集合
SqSet* CreateSetFromArray(dataType a[], int n) {
    SqSet *t = (SqSet*)malloc(sizeof(SqSet));
    t->size = n;
    for (int i=0; i<n; i++)
        t->data[i] = a[i];
    return t;
}

//查找集合中是否存在元素 x
int Find(SqSet *s, dataType x) {
    for (int i=0; i<s->size; i++)
        if (s->data[i] == x)
            return 1;
    return 0;
}

//往集合中增加元素 x
void Add(SqSet *s, dataType x) {
    if (Find(s, x)) return;
    s->data[s->size] = x;
    s->size++;
```

```
}

//删除集合中的元素 x
void Delete(SqSet *s, dataType x) {
    for (int i=0; i<s->size; i++) {
        if (s->data[i] == x) {
            s->data[i] = s->data[--s->size];
            return;
        }
    }
}

//求两个集合的并集
void Union(SqSet *a, SqSet *b, SqSet *c) {
    for (int i=0; i<a->size; i++)
        c->data[i] = a->data[i];
    c->size = a->size;
    for (int i=0; i<b->size; i++)
        if (!Find(c, b->data[i]))
            c->data[c->size++] = b->data[i];
}

//求两个集合的交集
void Intersection(SqSet *a, SqSet *b, SqSet *c) {
    c->size = 0;
    for (int i=0; i<a->size; i++)
        if (Find(b, a->data[i]))
            c->data[c->size++] = a->data[i];
}

//输出集合
void Print(SqSet *s) {
    for (int i=0; i<s->size; i++)
        printf("%c ", s->data[i]);
    printf("\n");
}

int main() {
    dataType a[] = {'a', 'c', 'e', 'h'};
    dataType b[] = {'f', 'h', 'b', 'g', 'd', 'a'};
    SqSet *s1, *s2, *s3;
    s1 = CreateSetFromArray(a, 4);
    s2 = CreateSetFromArray(b, 6);
    s3 = CreateSet();
    printf("第一个集合的元素为：");
    Print(s1);
    printf("第二个集合的元素为：");
    Print(s2);
    Union(s1, s2, s3);
    printf("两个集合的并为：");
```

```
    Print(s3);
    Intersection(s1, s2, s3);
    printf("两个集合的交为: ");
    Print(s3);
}
```

5. 运行程序

运行程序后，将会显示如图 1.2 所示的界面。

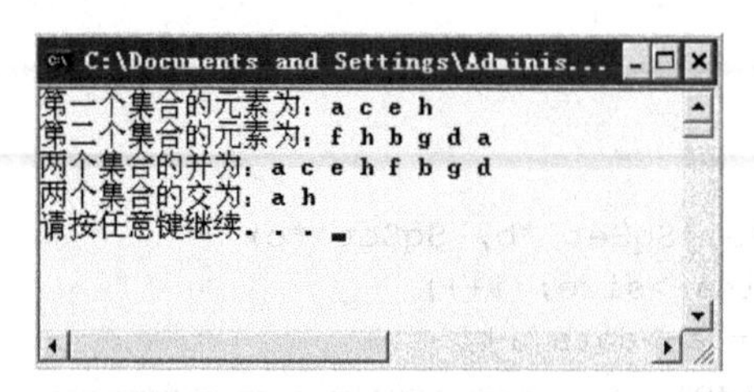

图 1.2　集合的交和并

实验 3　顺序表的应用——回文数猜想

1. 问题描述

一个正整数，如果从左向右读(称为正序数)和从右向左读(称为倒序数)是一样的，这样的数就叫回文数。任取一个正整数，如果不是回文数，将该数与它的倒序数相加，若其和不是回文数，则重复上述步骤，一直到获得回文数为止。例如：68 变成 154(68+86)，再变成 605(154+451)，最后变成 1111(605+506)，而 1111 是回文数。

于是有数学家提出一个猜想：不论开始是什么正整数，在经过有限次正序数和倒序数相加的步骤后，都会得到一个回文数。至今为止还不知道这个猜想是对还是错。现在请你编程验证。

2. 基本要求

(1) 使用顺序表来存储运算过程中产生的正整数，最后对这个数据进行显示。

(2) 假如输入一个数 27228，则输出 27228→109500→115401→219912。

(3) 假如输入 37649，则输出 37649→132322→355553。

3. 算法设计

(1) 先写一个简单的顺序表，实现顺序表的如下两个功能：

```
SqList* createSqList();                    //创建顺序表
void push(SqList *list, dataType x);     //在顺序表后面增加一个元素
```

(2) 写一个从一个正整数得到其倒序数的函数 reverse()。

(3) 将输入的整数存放到顺序表中。

(4) 将这个整数与其倒序数比较，看是否相等。如果不等，则将这个倒序数存放到顺序表的后面。

(5) 将顺序表里面的每个数打印出来。

4．程序实现

程序完整的实现代码如下：

```
#include <stdio.h>
#include <malloc.h>
#define MaxSize 100

typedef long long dataType;
typedef struct {
    dataType data[MaxSize];
    int size;
} SqList;

//创建顺序表
SqList* createSqList() {
    SqList *t = (SqList*)malloc(sizeof(SqList));
    t->size = 0;
    return t;
}

//在顺序表的后面插入元素 x
void push(SqList *list, dataType x) {
    list->data[list->size] = x;
    list->size++;
}

//得到一个整数的倒序数
long long reverse(long long n) {
    long long s = 0;
    while (n) {
        s = s*10 + n%10;
        n /= 10;
    };
    return s;
}

int main() {
    long long n, t;
    while (~scanf("%lld", &n)) {
        SqList *s = createSqList();
        push(s, n);
        while ((t=reverse(n)) != n) {
            n += t;
            push(s, n);
        }
        printf("%lld", s->data[0]);
        for (int i=1; i<s->size; i++)
            printf("-->%lld", s->data[i]);
```

```
        printf("\n");
    }
}
```

5．运行程序

运行程序后，将会显示如图 1.3 所示的界面。

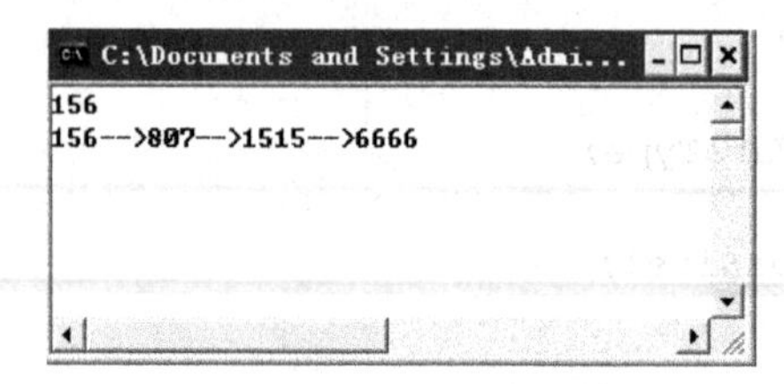

图 1.3　显示回文数的获得过程

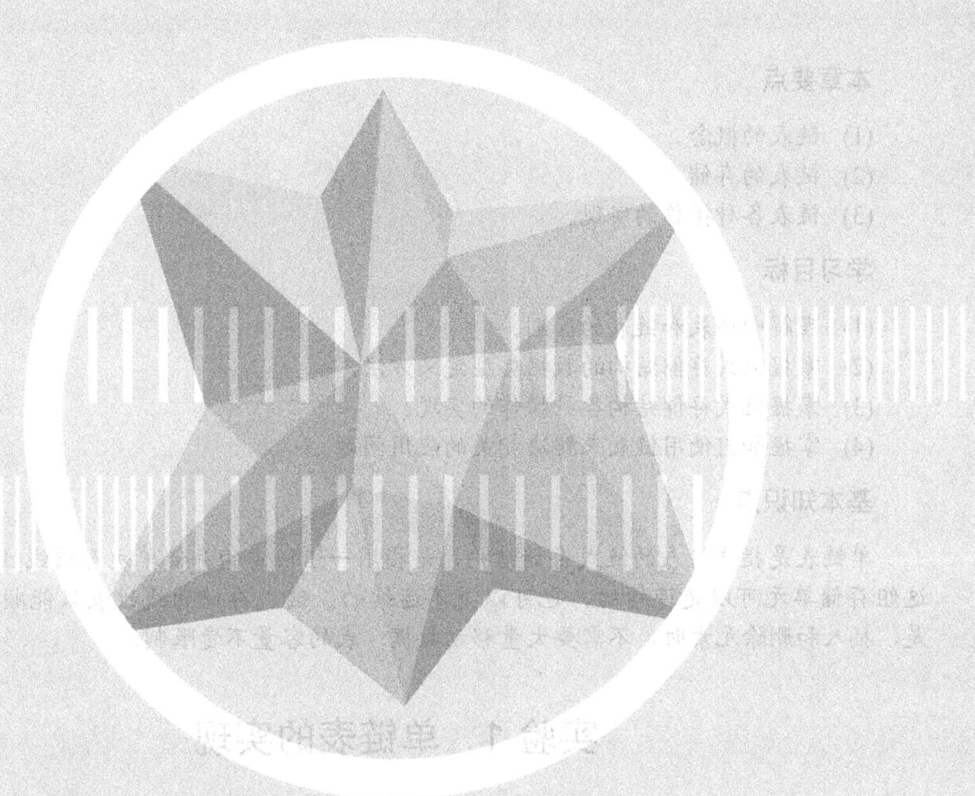

第2章

链　　表

本章要点

(1) 链表的概念。
(2) 链表的存储。
(3) 链表各种操作的实现。

学习目标

(1) 理解顺序表和链表的区别。
(2) 掌握链式存储结构的数据类型定义方法。
(3) 掌握链式存储结构各种操作的实现。
(4) 掌握如何使用链表来解决相关的应用问题。

基本知识点

单链表是指线性表的链式存储结构，是指用一组任意的存储单元存放线性表的元素，这组存储单元可以是连续的，也可以是不连续的。链式存储的线性表只能顺序存取，但是，插入和删除元素时，不需要大量移动数据；表的容量不受限制。

实验 1　单链表的实现

1. 实验目的

(1) 掌握线性表的链式存储结构。
(2) 掌握链表各项基本操作的实现。
(3) 学会使用链表来解决各种问题。

2. 实验内容

(1) 初始化链表。
(2) 在链表 l 的第 i 个位置插入元素 x。
(3) 删除链表的第 i 个元素。
(4) 输出链表。
(5) 判断链表是否为空。
(6) 求链表第 i 个元素的值。
(7) 查找值为 x 的元素。
(8) 清空链表。

3. 算法设计

在链式存储表中，节点的结构如下：

```
typedef int dataType;
typedef struct node {
   dataType data;
   struct node *next;
} LinkList;
```

为简单起见，本实验假定表的数据元素为int型。

定义一个指针 head，指向表头节点，实现链表的初始化、插入、删除、判空、求值、定位查找、按值查找、输出和清空链表等操作。

(1) LinkList* CreateList()：创建链表。

(2) int Size(LinkList *l)：求链表的元素个数。

(3) void Insert(LinkList *l, int k, dataType x)：在链表 l 的第 k 个位置插入元素 x。

(4) void Delete(LinkList *l, int k)：删除链表 l 的第 k 个元素。

(5) int Empty(LinkList *l)：判断链表是否为空。

(6) dataType GetData(LinkList *l, int k)：求链表 l 的第 k 个元素的值。

(7) node* Find(LinkList *l, dataType x)：在链表 l 中查找值为 x 的元素。

(8) void Print(LinkList *l)：输出链表。

(9) void ClearList(LinkList *l)：清空链表。

4. 程序实现

程序完整的实现代码如下：

```
#include <stdio.h>
#include <malloc.h>

typedef int dataType;
typedef struct node {
    dataType data;
    struct node *next;
} LinkList;

//创建链表
LinkList* CreateList() {
    LinkList *head;
    head = (LinkList*)malloc(sizeof(LinkList));
    head->next = NULL;
    return head;
}

//求链表的元素个数
int Size(LinkList *l) {
    node *p = l->next;
    int k = 0;
    while (p) {
        k++;
        p = p->next;
    }
    return k;
}

//在链表 l 的第 k 个位置插入元素 x
void Insert(LinkList *l, int k, dataType x) {
    if (k<1) exit(1);
```

```
    node *p = l;
    int i = 0;
    while (p && i<k-1) {
        p = p->next;
        i++;
    }
    if (!p) exit(1);
    node *s = (node*)malloc(sizeof(node));
    s->data = x;
    s->next = p->next;
    p->next = s;
}

//删除链表 l 的第 k 个元素
void Delete(LinkList *l, int k) {
    if (k<1) exit(1);
    node *p = l;
    int i = 0;
    while (p->next && i<k-1) {
        p = p->next;
        i++;
    }
    if (p->next==NULL) exit(1);
    node *q = p->next;
    p->next = q->next;
    free(q);
}

//判断链表是否为空
int Empty(LinkList *l) {
    return l->next == NULL;
}

//求链表 l 的第 k 个元素的值
dataType GetData(LinkList *l, int k) {
    if (k<1) exit(1);
    node *p = l;
    int i = 0;
    while (p && i<k) {
        p = p->next;
        i++;
    }
    if (!p) exit(1);
    return p->data;
}

//在链表 l 中查找值为 x 的元素
node* Find(LinkList *l, dataType x) {
    node *p = l->next;
    while (p && p->data!=x)
```

```
        p = p->next;
    return p;
}

//输出链表
void Print(LinkList *l) {
    node *p = l->next;
    while (p) {
        printf("%d ", p->data);
        p = p->next;
    }
    printf("\n");
}

//清空链表
void ClearList(LinkList *l) {
    node *p, *q;
    p = l->next;
    while (p) {
        q = p;
        p = p->next;
        free(q);
    }
    l->next = NULL;
}

int main() {
    LinkList *list = CreateList();
    Insert(list, 1, 10);
    Insert(list, 1, 20);
    Delete(list, 2);
    Insert(list, 1, 30);
    Insert(list, 1, 40);
    printf("链表的元素个数为：%d\n", Size(list));
    Print(list);
    printf("链表的第 2 个元素为：%d", GetData(list, 2));
    system("pause");
}
```

5．运行程序

运行程序后，将会显示如图 2.1 所示的界面。

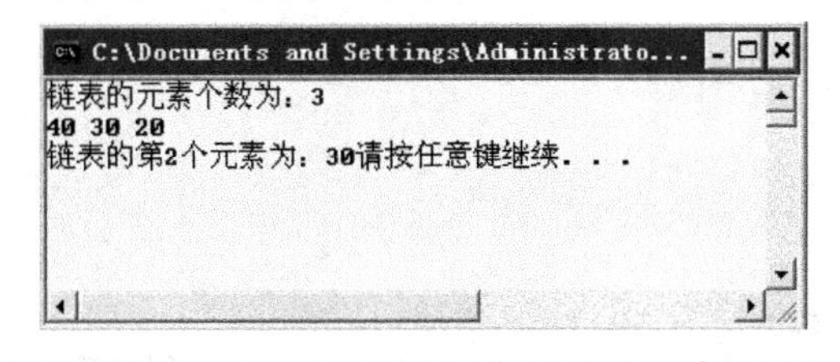

图 2.1　使用单链表

实验 2 单链表的应用——约瑟夫问题

1. 问题描述

有 n 个人围成一个圈，从第 1 个人开始报数，数到第 m 个人，让他出局；然后从出局的下一个人重新开始报数，数到第 m 个人，再让他出局……，如此反复，直到剩下一个人，问此人编号为几?

2. 基本要求

用单向循环链表来模拟此过程，打印出最后剩下的人的编号，若人数 n=11，m=3，则输出为 7。

3. 算法设计

对 n 个人依次编号，按编号的顺序建立一个循环链表，链表中节点的结构如下：

```
struct node {
    int no;
    node *next;
};
```

基本算法如下。

(1) 建立一个有 n 个节点的循环链表，每个节点从 1 到 n 编号。

(2) 从第一个节点开始报数，用 k++表示报数，同时设两个指针 p 和 q，q 指向正在报数的这个节点。

(3) 报到 k==m 时，则将这个节点删除。

(4) 重复不停地报数和删除节点，直到链表中还剩下最后一个节点。

4. 程序实现

程序完整的实现代码如下：

```
#include <stdio.h>
#include <malloc.h>

#define n 11
#define m 3

struct node {
    int no;
    node *next;
};

int main() {
    int k = 0;
    node *p, *q, *r;
    p = q = (node*)malloc(sizeof(node));    //创建第一个节点
    p -> no = 1;
```

```
    for (int i=2; i<=n; i++) {                      //建立链表
        r = (node*)malloc(sizeof(node));
        r->no = i;
        q->next = r;
        q = r;
    }
    q->next = p;                                    //构成一个“环”

    q = p;
    while (q->next != q) {
        k++;                                        //k 为 1、2、3...报数
        if (k == m) {                               //报到 m 时，删除 q 所指节点
            p->next = q->next;
            free(q);
            q = p->next;
            k = 0;
        } else {
            p = q;
            q = q->next;
        }
    }
    printf("最后一个获胜者的编号是：%d\n", q->no);
}
```

上面的 while 循环也可改写如下：

```
while (q->next != q) {
    for (int i=1; i<m; i++) {  //直接找到报 m 的人
        p = q;
        q = q->next;
    }
    p->next = q->next;
    free(q);
    q = p->next;
}
```

5. 运行程序

运行程序后，将会显示如图 2.2 所示的界面。

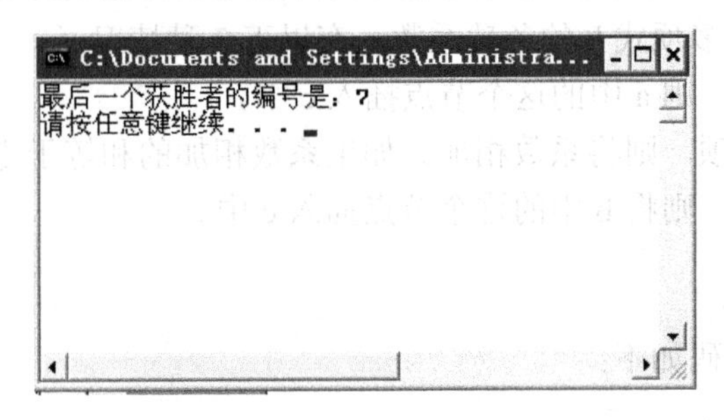

图 2.2　约瑟夫问题的程序运行界面

实验 3　单链表的应用——多项式求和

1. 问题描述

有两个多项式：

$a(x) = a_0 + a_1 x + a_2 x^2 + a_3 x^3 + ... + a_n x^n$

$b(x) = b_0 + b_1 x + b_2 x^2 + b_3 x^3 + ... + b_m x^m$

求它们的和 a(x) + b(x)。

2. 基本要求

利用链表来存储多项式各项的系数和指数，再实现对两个多项式的求和。

3. 算法设计

多项式中，各个项存放在带头节点的链表的节点中。

链表中，节点的结构如下：

```
typedef struct node {
    float coef;              //项的系数
    int exp;                 //项的指数
} PolyArray[Max];

typedef struct pnode {
    float coef;              //项的系数
    int exp;                 //项的指数
    pnode *next;
} PolyNode;
```

设计一个结构体节点 PolyNode 来代表多项式中的每一项，其中包含三个数据。

- coef：为系数。
- exp：为 x 的指数。
- next：为指向下一项的指针。

建立 3 个链表，分别代表多项式 a 和多项式 b 以及它们进行运算结果的多项式 c。

先建立 a、b 多项式，再按降幂进行排序，然后从头开始同时对 a、b 扫描多项式的各个项，比较多项式 a 和多项式 b 的各项系数，有以下 3 种情况。

(1) a 有而 b 没有，则 a 中的这个节点插入 c 中。

(2) a 和 b 都有该项，则将系数相加。如果系数相加的和等于零，则跳过。

(3) b 有而 a 没有，则将 b 中的这个节点插入 c 中。

4. 实现程序

程序完整的实现代码如下：

```
#include <stdio.h>
#include <malloc.h>
#define Max 20
```

```
typedef struct node {
    float coef;
    int exp;
} PolyArray[Max];

typedef struct pnode {
    float coef;
    int exp;
    pnode *next;
} PolyNode;

//初始化多项式
PolyNode* InitPoly() {
    PolyNode *head = (PolyNode*)malloc(sizeof(PolyNode));
    head->next = NULL;
    return head;
}

//由多项式数组创建多项式链表
PolyNode* CreatePoly(PolyArray a, int n) {
    PolyNode *head = (PolyNode*)malloc(sizeof(PolyNode));
    PolyNode *s, *r;
    r = head;
    for (int i=0; i<n; i++) {
        s = (PolyNode*)malloc(sizeof(PolyNode));
        s->coef = a[i].coef;
        s->exp = a[i].exp;
        r->next = s;
        r = s;
    }
    r->next = NULL;
    return head;
}

//输出多项式
void DispPoly(PolyNode *poly) {
    PolyNode *p = poly->next;
    while (p != NULL) {
        printf("%gx^%d  ", p->coef, p->exp);
        p = p->next;
    }
    printf("\n");
}

//两个多项式相加
void Add(PolyNode *a, PolyNode *b, PolyNode *c) {
    float sum;
    PolyNode *pa=a->next, *pb=b->next, *pc=c, *s;
    while (pa!=NULL && pb!=NULL) {
```

```
        if (pa->exp > pb->exp) {
            s = (PolyNode*)malloc(sizeof(PolyNode));
            s->exp = pa->exp;
            s->coef = pa->coef;
            pc->next = s;
            pc = s;
            pa = pa->next;
        } else if (pa->exp < pb->exp) {
            s = (PolyNode*)malloc(sizeof(PolyNode));
            s->exp = pb->exp;
            s->coef = pb->coef;
            pc->next = s;
            pc = s;
            pb = pb->next;
        } else {
            sum = pa->coef + pb->coef;
            if (sum != 0) {
                s = (PolyNode*)malloc(sizeof(PolyNode));
                s->exp = pa->exp;
                s->coef = sum;
                pc->next = s;
                pc = s;
            }
            pa = pa->next;
            pb = pb->next;
        }
    }
    if (pb!=NULL) pa=pb;
    while (pa != NULL) {
        s = (PolyNode*)malloc(sizeof(PolyNode));
        s->exp = pa->exp;
        s->coef = pa->coef;
        pc->next = s;
        pc = s;
        pa = pa->next;
    }
    pc->next = NULL;
}

//多项式排序，按指数从大到小排序
void Sort(PolyNode *head) {
    PolyNode *p = head->next, *r, *q;
    if (p != NULL) {
        r = p->next;                    //r 指向 p 的后继节点
        p->next = NULL;                 //构造只有一个节点的有序表
        p = r;
        while (p != NULL) {
            r = p->next;
            q = head;
            while (q->next!=NULL && q->next->exp>p->exp)
```

```
            q = q->next;              //在有序表中插入*p 的前驱节点*q
        p->next = q->next;            //*p 插入到*q 之后
        q->next = p;
        p = r;
    }
  }
}

int main() {
    PolyNode *pa, *pb, *pc;
    PolyArray a = {{7, 0}, {3, 1}, {9, 8}, {5, 16}};
    PolyArray b = {{8, 1}, {22, 7}, {-9, 8}};
    pa = CreatePoly(a, 4);
    pb = CreatePoly(b, 3);
    pc = InitPoly();
    Sort(pa);
    printf("多项式 a 为: ");
    DispPoly(pa);
    Sort(pb);
    printf("多项式 b 为: ");
    DispPoly(pb);
    Add(pa, pb, pc);
    printf("多项式 a 与 b 的和为: ");
    DispPoly(pc);
}
```

5. 运行程序

运行程序后，将会显示如图 2.3 所示的界面。

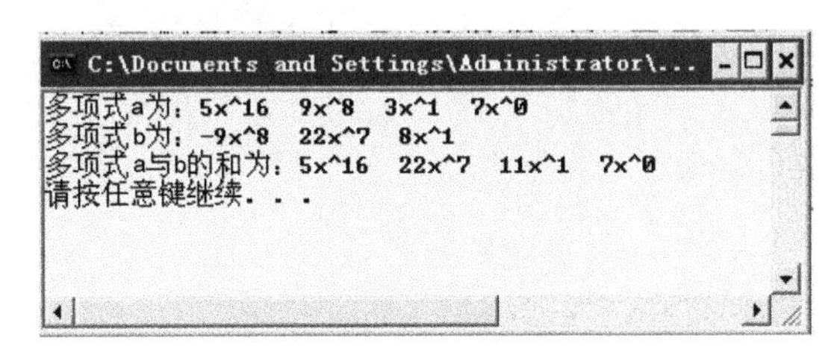

图 2.3　计算多项式的和

```
            q = q->next;             //在有序表中插入*p的前驱节点*q
            p->next = q->next;       //*p插入到*q之后
            q->next = p;
            p = r;
        }
    }
}
int main()
{
    PolyNode *pa, *pb, *pc;
    PolyArray a = {{7, 0}, {3, 1}, {9, 8}, {5, 16}};
    PolyArray b = {{8, 1}, {22, 7}, {-9, 8}};
    pa = CreatePoly(a, 4);
    pb = CreatePoly(b, 3);
    pc = InitPoly();
    Sort(pa);
    printf("多项式a为：");
    DispPoly(pa);
    Sort(pb);
    printf("多项式b为：");
    DispPoly(pb);
    Add(pa, pb, pc);
    printf("多项式a与b的和为：");
    DispPoly(pc);
}
```

5. 运行程序

运行程序后，将会显示如图2.3所示的界面。

图2.3 计算多项式的和

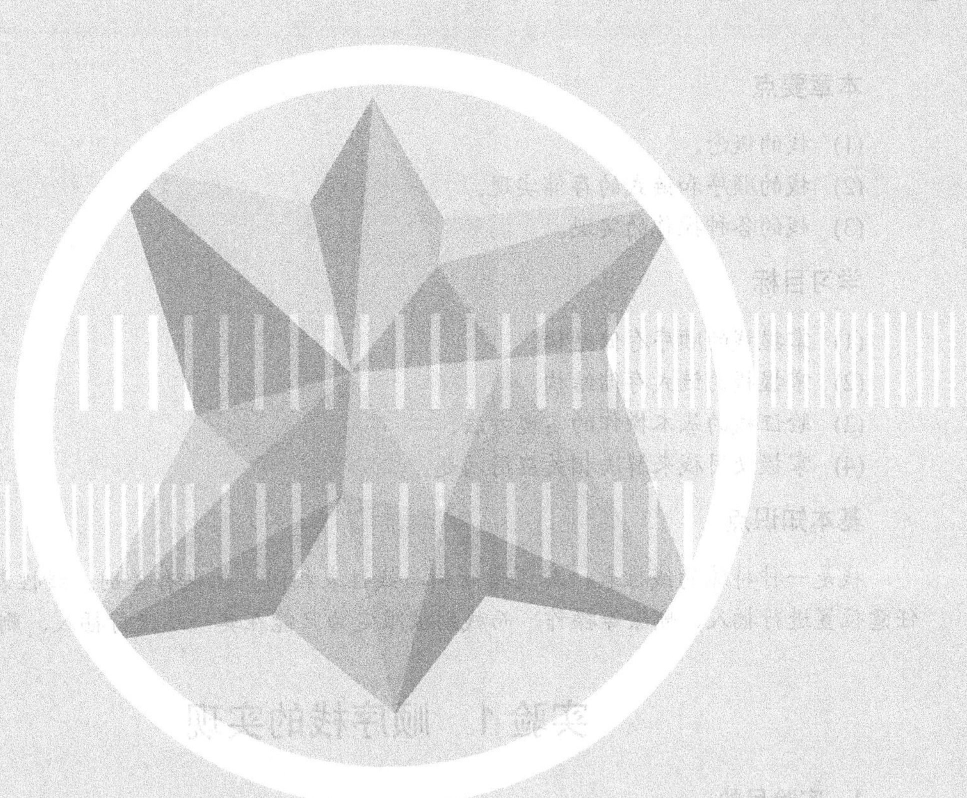

第 3 章

栈

本章要点

(1) 栈的概念。
(2) 栈的顺序和链式的存储实现。
(3) 栈的各种操作的实现。

学习目标

(1) 掌握栈的顺序存储结构。
(2) 掌握栈的链式存储结构。
(3) 验证栈的基本操作的实现方法。
(4) 掌握使用栈来解决相关应用问题。

基本知识点

栈是一种特殊的线性表，其逻辑结构与线性表相同，但也有差别。线性表可以在表中任意位置进行插入、删除等操作，而栈则被限定为只能在其一端进行插入、删除等操作。

实验 1　顺序栈的实现

1. 实验目的

(1) 掌握栈的顺序存储结构。
(2) 实现栈的基本操作。

2. 实验内容

(1) 初始化顺序栈。
(2) 进栈。
(3) 出栈。
(4) 取栈顶元素。
(5) 判断栈是否为空。
(6) 判断栈是否满。

3. 算法设计

用结构体来描述栈，结构体中包括栈顶元素、栈的大小、栈内存放数据的数组等成员。

结构体的具体定义如下：

```
#define MaxSize 100  //栈的最大容量
typedef int dataType;
typedef struct {
    dataType data[MaxSize];
    int top; //栈顶元素所在的下标
} SeqStack;
```

实现进栈、出栈、判断栈空、判断栈满、取得栈顶元素的方法。

(1) 进栈则令 top 加 1。

(2) 出栈则让 top 减 1。

(3) 判断栈是否为空：top==-1 时为空。

(4) 判断栈是否为满：top==MaxSize-1 时为满。

(5) 入栈函数：先判断栈是否已满。若满，不能进栈；否则进栈，令 top 加 1。

(6) 出栈函数：先判断栈是否已空。若空，不能出栈；否则出栈，令 top 减 1。

(7) 取栈顶元素的函数：先判断栈是否已空。若空，不能取栈顶元素；否则返回 top 位置的元素。

4. 程序实现

程序完整的实现代码如下：

```
#include <stdio.h>
#include <malloc.h>
#define MaxSize 100
typedef int dataType;
typedef struct {
   dataType data[MaxSize];
   int top;
} SeqStack;

//创建顺序栈
SeqStack* createStack() {
   SeqStack *t = (SeqStack*)malloc(sizeof(SeqStack));
   t->top = -1;
   return t;
}

//判断栈是否为空
int empty(SeqStack *s) {
   return s->top == -1;
}

//判断栈是否满
int full(SeqStack *s) {
   return s->top == MaxSize - 1;
}

//元素 x 进栈
void Push(SeqStack *s, dataType x) {
   if (full(s)) exit(1);
   s->data[++s->top] = x;
}

//出栈
void Pop(SeqStack *s) {
   if (empty(s)) exit(1);
```

```
    s->top--;
}

//取栈顶元素的值
dataType top(SeqStack *s) {
    if (empty(s)) exit(1);
    return s->data[s->top];
}

//求栈的元素个数
int size(SeqStack *s) {
    return s->top + 1;
}

int main() {
    SeqStack *s = createStack();
    Push(s, 80);
    Push(s, 90);
    Pop(s);
    Push(s, 70);
    printf("栈有%d 个元素，栈顶元素为：%d\n", size(s), top(s));
    system("pause");
}
```

5. 运行程序

运行程序后，将会显示如图 3.1 所示的界面。

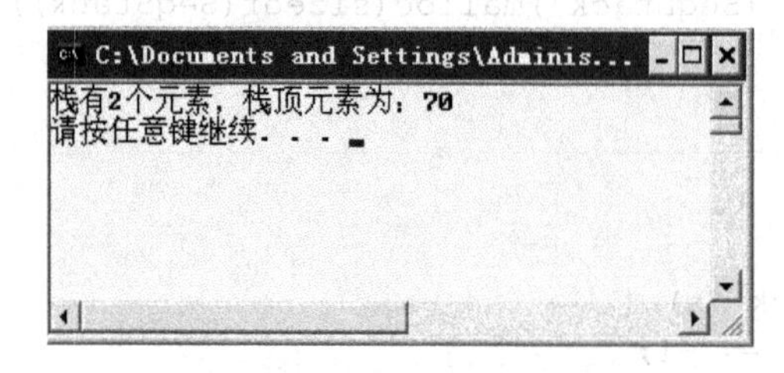

图 3.1　顺序栈的程序运行界面

实验 2　链栈的实现

1. 实验目的

(1) 掌握栈的链式存储结构。

(2) 掌握链式存储时，栈的基本操作的实现。

2. 实验内容

(1) 初始化链栈。

(2) 进栈。

(3) 出栈。

(4) 取栈顶元素。
(5) 判断栈是否为空。
(6) 判断栈是否满。

3. 算法设计

实现栈的链式存储。描述栈的节点结构：

```
typedef int dataType;
typedef struct node {
    dataType data;
    struct node *next;
} LinkStack;
```

设一个指针 top 指向栈顶元素，当栈为空的时候让 top 等于 NULL。下面是基本操作。

(1) LinkStack* InitStack()：初始化链栈为空栈。
(2) int Empty(LinkStack *s)：判断栈是否为空。
(3) void Push(LinkStack *s, dataType x)：元素 x 进栈。
(4) void Pop(LinkStack *s)：出栈。
(5) dataType GetTop(LinkStack *s)：取栈顶元素的值。

4. 程序实现

程序完整的实现代码如下：

```
#include <stdio.h>
#include <malloc.h>

typedef int dataType;
typedef struct node {
    dataType data;
    struct node *next;
} LinkStack;

//初始化链栈
LinkStack* InitStack() {
    LinkStack *t = (LinkStack*)malloc(sizeof(LinkStack));
    t->next = NULL;
    return t;
}

//判断栈是否为空
int Empty(LinkStack *s) {
    return s->next == NULL;
}

//元素 x 进栈
void Push(LinkStack *s, dataType x) {
    node *t = (node*)malloc(sizeof(node));
    t->data = x;
```

```
    t->next = s->next;
    s->next = t;
}

//出栈
void Pop(LinkStack *s) {
    if (Empty(s)) exit(1);
    node *p = s->next;
    s->next = p->next;
    free(p);
}

//取栈顶元素的值
dataType GetTop(LinkStack *s) {
    return s->next->data;
}

int main() {
    LinkStack *s = InitStack();
    Push(s, 80);
    Push(s, 90);
    Pop(s);
    Push(s, 70);
    printf("%d", GetTop(s));
}
```

5. 程序运行

运行程序后，显示如图3.2所示的界面。

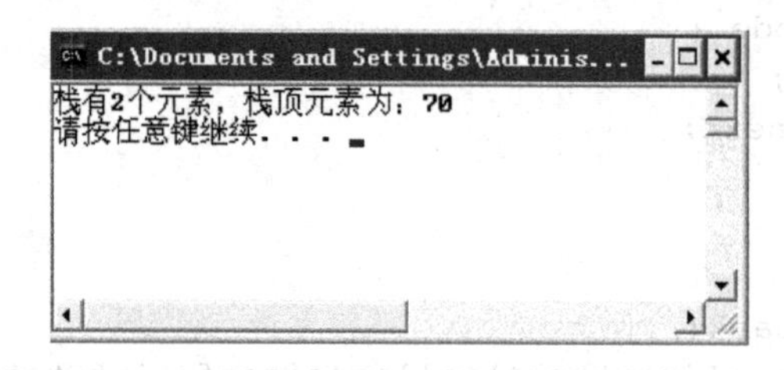

图3.2　链栈的程序运行界面

实验3　栈的应用——数制转换

1. 问题描述

将一个十进制数n转换为其他进制(d=2~16)。

2. 基本要求

利用栈实现对此问题的求解。对键盘输入的任意一个非负的十进制，输出相应的二进制和十六进制数。可以用自己写的栈，算法设计中采用本章实验1中实现的栈结构。

3．算法设计

将十进制数转换为 d 进制数，可以采用除 d 取余法。例如，将十进制数 23 转换为二进制数的过程如下：

```
n          n/2        n%2
23         11         1
11         5          1
5          2          1
2          1          0
1          0          1
```

将每次除 2 的余数进栈，栈中的数为 1、1、1、0、1。然后再一个一个地从栈中输出，则 23 转换的二进制数即为 10111。

为了能够同时将十进制数转换为二进制数和八进制数，我们可以先写一个通用的函数 void Conversion(int n, int d)，其中，参数 d 代表 d 进制。

4．程序实现

本数制转换实验的完整代码如下：

```
#include <stdio.h>
#include <malloc.h>

/*
 将前面的顺序栈或链栈的代码复制到此处即可
*/

//将十进制数转换为 2~16 进制数
char *c = "0123456789ABCDEF";
void Conversion(int n, int d) {

    SeqStack *s = InitStack();
      //如果前面复制的是链栈的代码，则将 SeqStack 改为 LinkStack

    while (n) {
        Push(s, n%d);
        n /= d;
    }
    while (!Empty(s)) {
        printf("%c", c[GetTop(s)]);
        Pop(s);
    }
    printf("\n");
}

int main() {
    int n;
    while (~scanf("%d", &n)) {
        printf("%d 的二进制数为：", n);
```

```
        Conversion(n, 2);
        printf("%d 的八进制数为: ", n);
        Conversion(n, 8);
        printf("%d 的十六进制数为: ", n);
        Conversion(n, 16);
    }
}
```

5. 运行程序

运行程序后，将会显示如图 3.3 所示的界面。

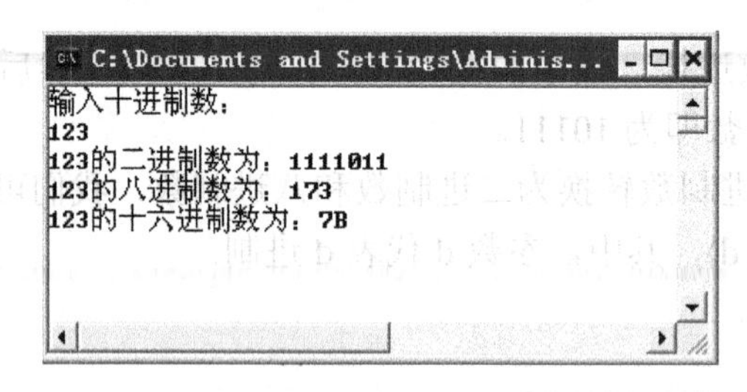

图 3.3　进制转换结果

实验 4　栈的应用——括号匹配问题

1. 问题描述

在数学中，如果有一个带括号的式子，则要求这些括号必须成对并且匹配。现在假设只考虑小括号“(”、“)”和中括号“[”、“]”。

例如[(])，或者(]), 括号都是不匹配的。而([[]()])就是匹配的。

2. 基本要求

输入一行含有“[ ] ( )”这 4 种字符的字符串，例如“([{}])”，要求编程利用栈来检查括号是否匹配，如果字符串中所含的括号是匹配的，则输出 Yes，否则输出 No。

3. 算法设计

通过结构体定义一个栈 SeqStack 和一个 char 类型的数组，用来存储字符串。

输入一行字符串，逐一判断其中的括号。

如果是左括号，则直接进栈。如果是右括号“)”或“]”，则检查栈顶元素是否为相应的“(”和“[”，如果是则出栈，如果不是，则说明括号不匹配，输出 No。如果一直到处理完所有字符都没发现不匹配的括号，则输出 Yes。

4. 程序实现

程序完整的实现代码如下：

```
#include <stdio.h>
#include <string.h>
#include <malloc.h>
```

```
#define MaxSize 100
typedef char dataType;

/*
 将前面的顺序栈或链栈的代码复制到此处即可
*/

int main() {
    SeqStack *s = InitStack();
    char str[100];
    int f = 0;
    gets(str);
    for(int i=0; i<strlen(str); i++) {
        if(str[i]=='(' || str[i]=='[')
            Push(s, str[i]);
        else if(str[i] == ')')
            if (Empty(s) || GetTop(s)!='(') {
                f = 1;
                break;
            } else {
                Pop(s);
            }
        else if(str[i] == ']')
            if(Empty(s) || GetTop(s)!='[') {
                f = 1;
                break;
            } else {
                Pop(s);
            }
    }
    if(Empty(s) && f==0)
        printf("Yes\n");
    else
        printf("No\n");
}
```

5. 运行程序

运行程序后，如果括号匹配，将会显示如图 3.4 所示的界面。

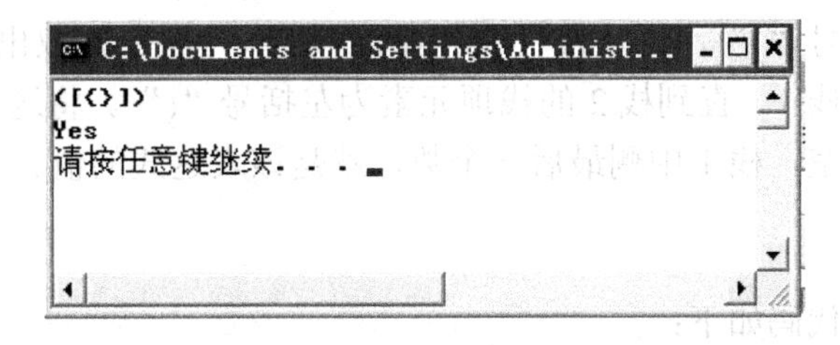

图 3.4 括号匹配

如果括号不匹配，将会显示如图 3.5 所示的界面。

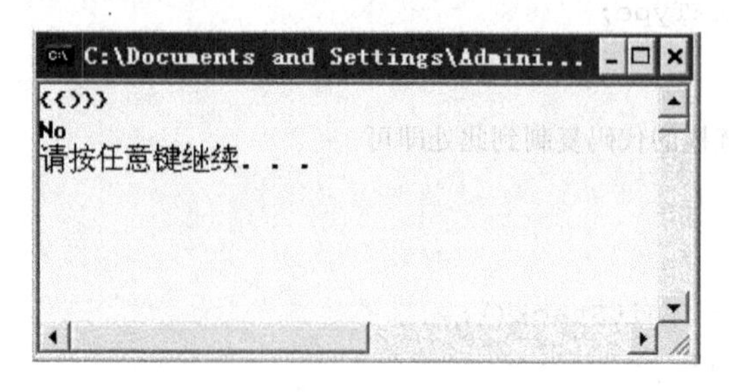

图 3.5　括号不匹配

实验 5　栈的应用——表达式求值

1. 问题描述

给定一个包含常用的加、减、乘、除四则运算符号和括号的表达式，通过程序设计的方法来计算这个表达式的值。

2. 基本要求

输入一个算术表达式的字符串，字符串里面包括数字、+、-、*、/，以及小括号，字符串以等号(=)结束。输出该表达式的值，结果保留两位小数。例如，输入“1+2/4=”，则程序就输出 1.50。

3. 算法设计

为“+、-、*、/、(、)、=”这些符号定义优先级，“+、−、=”的优先级为 1，“*、/”的优先级为 2，“(”的优先级为 3。用一个函数 int priority(char x)来求优先级。

设两个栈，一个用于放数字，另一个用于放运算符。对输入的表达式的每个字符做以下几种不同的处理。

(1) 如果是数字或小数点，则处理这个数字，再将这个数字进栈 1。

(2) 如果是运算符，则比较这个运算符和栈 2 的栈顶元素的优先级。如果相等或更低，则从栈 1 取出两个数字，从栈 2 取出一个运算符，进行运算，将运算结果再存入栈 1。直到栈 2 的栈顶元素的优先级更低，将这个运算符存入栈 2。

(3) 如果是右括号“)”，则从栈 1 取出两个数字，从栈 2 取出一个运算符，进行运算，将运算结果存入栈 1。直到栈 2 的栈顶元素为左括号“(”。将这个左括号“(”出栈。

到最后，栈 2 为空，栈 1 中剩最后一个数，就是该表达式的值。

4. 程序实现

程序完整的实现代码如下：

```
#include <stdio.h>
#include <string.h>
```

```
int priority(char x) {
    switch (x) {
        case '+':
        case '-':
        case '=': return 1;
        case '*':
        case '/': return 2;
        case '(': return 3;
    }
}
double compute(double x, double y, char op) {
    switch(op) {
        case '+': return x + y;
        case '-': return x - y;
        case '*': return x * y;
        case '/': return x / y;
    }
}
int main() {
    char s2[500], t[1001], op;
    double s1[500];
    int top1=-1, top2=-1;
    double x, y;
    gets(t);
    for (int i=0; i<strlen(t); i++) {
        if (t[i]>='0' && t[i]<='9') {
            double value = 0;
            while (t[i]>='0' && t[i]<='9') {
                value = 10*value + t[i] - '0';
                i++;
            }
            if (t[i] == '.') {
                int r = 10;
                i++;
                while (t[i]>='0' && t[i]<='9') {
                    value += double(t[i]-'0')/r;
                    r = 10 * r;
                    i++;
                }
            }
            s1[++top1] = value;
        }
        if (t[i] == ')') {
            while (s2[top2] != '(') {
                y = s1[top1--];
                x = s1[top1--];
                op = s2[top2--];
                s1[++top1] = compute(x, y, op);
            }
            top2--;
```

```
        } else {
            while (top2!=-1 && s2[top2]!='('
              && priority(t[i])<=priority(s2[top2])) {
                y = s1[top1--];
                x = s1[top1--];
                op = s2[top2--];
                s1[++top1] = compute(x, y, op);
            }
            s2[++top2] = t[i];
        }
    }
    printf("%.2f\n", s1[top1]);
}
```

5. 运行程序

运行程序后，将会显示如图 3.6 所示的界面。

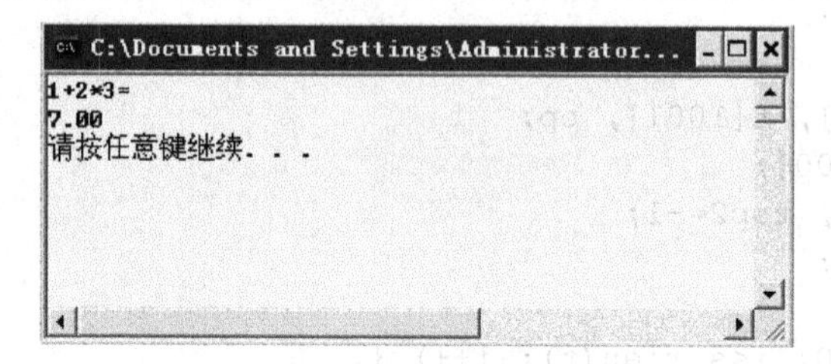

图 3.6　表达式求值

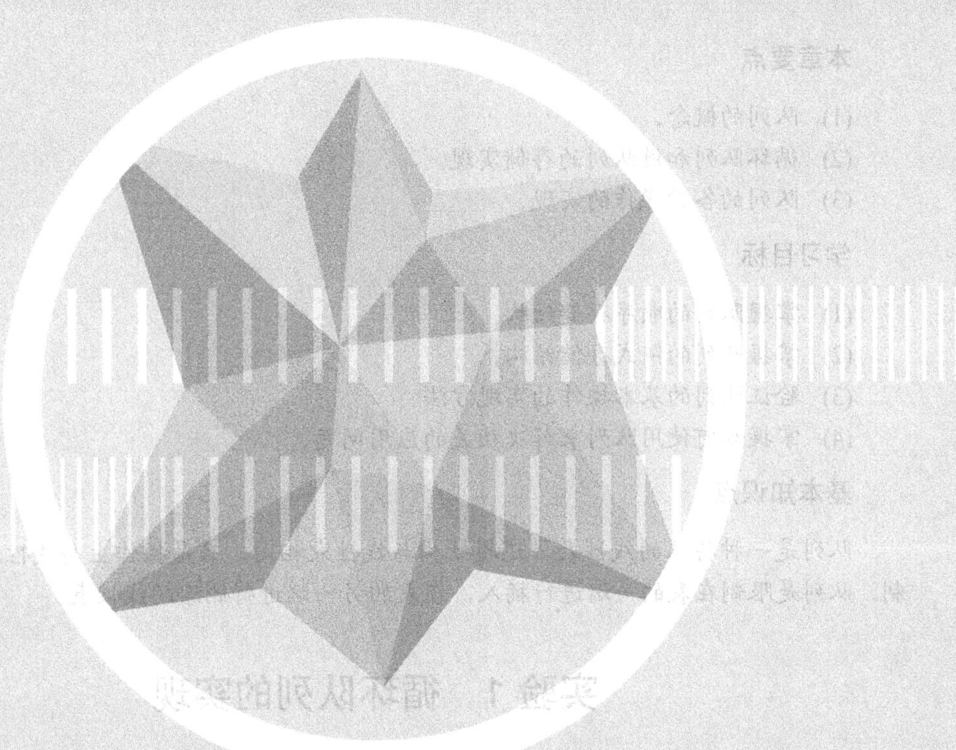

第 4 章

队 列

本章要点

(1) 队列的概念。
(2) 循环队列和链队列的存储实现。
(3) 队列的各种操作的实现。

学习目标

(1) 掌握队列的顺序存储结构。
(2) 掌握队列的链式存储结构。
(3) 验证队列的基本操作的实现方法。
(4) 掌握如何使用队列来解决相关的应用问题。

基本知识点

队列是一种特殊的线性表，逻辑结构与线性表相同，只是操作上与线性表相比有了限制。队列是限制在表的一端进行插入，在表的另一端进行删除的线性表。

实验 1　循环队列的实现

1. 实验目的

(1) 掌握循环队列的概念。
(2) 掌握循环队列的进队、出队操作。
(3) 掌握循环队列空和满状态的判断。

2. 实验内容

(1) 初始化循环队列。
(2) 实现循环队列的进队、出队操作。
(3) 实现循环队列判空、判满的操作。
(4) 实现循环队列取队首、取队尾的操作。

3. 算法设计

用结构体来描述队列，结构体中包括存放队列数据的数组、队列的首成员、队列的尾成员。代码如下：

```
#define MaxSize 100
typedef int dataType;
typedef struct {
    dataType data[MaxSize];
    int front, rear;
} SeqQueue;
```

使用一个整型数 front 标识队头元素的位置，令其指向队头元素；使用一个整型数 rear 标识队尾元素的位置，令其指向队列最后一个元素的后面一个位置。这样，当 front 等于

rear 时，就表示队列空。进队列操作从队尾进行，出队列操作从队头进行。

但当队列满的时候，也会出现 front 等于 rear 的情况。因此，规定当队尾和队头还相隔一个元素的时候就表示队满，这样，队满的条件就成为(rear+1) % MaxSize == front。

实现建队、判空、判满、进队、出队、取队首、取队尾、计算元素个数的方法如下。

(1) SeqQueue* createQueue()：创建队列。
(2) int empty(SeqQueue *q)：判断队列是否为空。
(3) int full(SeqQueue *q)：判断队列是否满。
(4) void push(SeqQueue *q, dataType x)：元素 x 进队列。
(5) void pop(SeqQueue *q)：出队列。
(6) dataType front(SeqQueue *q)：取队头元素的值。
(7) dataType back(SeqQueue *q)：取队尾元素的值。
(8) int size(SeqQueue *q)：计算队列元素的个数。

4．程序实现

程序完整的实现代码如下：

```
#include <stdio.h>
#include <malloc.h>

#define MaxSize 100
typedef int dataType;
typedef struct {
    dataType data[MaxSize];
    int front, rear;
} SeqQueue;

//创建队列
SeqQueue* createQueue() {
    SeqQueue *q = (SeqQueue*)malloc(sizeof(SeqQueue));
    q->front = q->rear = 0;
    return q;
}

//判断队列是否为空
int empty(SeqQueue *q) {
    return q->front == q->rear;
}

//判断队列是否满
int full(SeqQueue *q) {
    return (q->rear+1) % MaxSize == q->front;
}

//元素 x 进队列
void push(SeqQueue *q, dataType x) {
    if (full(q)) exit(1);
    q->data[q->rear] = x;
```

```
    q->rear = (q->rear+1) % MaxSize;
}

//出队列
void pop(SeqQueue *q) {
    if (empty(q)) exit(1);
    q->front = (q->front+1) % MaxSize;
}

//取队头元素的值
dataType front(SeqQueue *q) {
    if (empty(q)) exit(1);
    return q->data[q->front];
}

//取队尾元素的值
dataType back(SeqQueue *q) {
    if (empty(q)) exit(1);
    int k = (q->rear-1+MaxSize) % MaxSize;
    return q->data[k];
}

//计算队列元素的个数
int size(SeqQueue *q) {
    return (q->rear-q->front+MaxSize) % MaxSize;
}

int main() {
    SeqQueue *q = createQueue();
    push(q, 80);
    push(q, 90);
    pop(q);
    push(q, 70);
    printf("队列有%d个元素\n", size(q));
    printf("队头元素为: %d, 队尾元素为: %d\n", front(q), back(q));
}
```

5. 运行程序

运行程序后，将会显示如图 4.1 所示的界面。

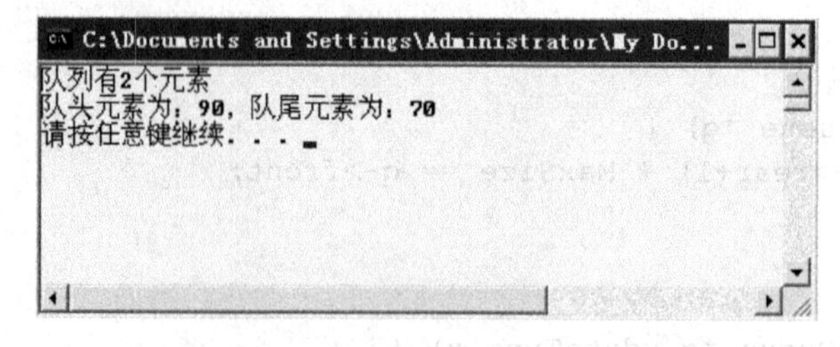

图 4.1　循环队列的程序运行结果

实验 2 链队列的实现

1. 实验目的

(1) 掌握队列的链式存储结构。

(2) 掌握链队列各项基本操作的实现。

2. 实验内容

(1) 初始化链队列。

(2) 判断队列是否为空。

(3) 元素 x 进队列。

(4) 出队列。

(5) 取队头元素的值。

(6) 取队尾元素的值。

(7) 求队列的元素个数。

3. 算法设计

链队列采用一个单链表来表示。为了操作方便，在队头前面增加一个头节点。设一个队头指针，指向头节点；设一个队尾指针，指向队尾节点。

用结构体来描述队列，结构体中包括队首指针 front、队尾指针 rear：

```
typedef struct {
    struct node *front, *rear;
} LinkQueue;
```

(1) LinkQueue* initQueue()：初始化队列。

(2) int Empty(LinkQueue *q)：判断队列是否为空。

(3) void push(LinkQueue *q, dataType x)：元素 x 进队列。

(4) void pop(LinkQueue *q)：出队列。

(5) dataType front(LinkQueue *q)：取队头元素的值。

(6) dataType back(LinkQueue *q)：取队尾元素的值。

(7) int size(LinkQueue *q)：计算队列的大小。

4. 程序实现

程序完整的实现代码如下：

```
#include <stdio.h>
#include <malloc.h>

typedef int dataType;
struct node {
    dataType data;
    struct node *next;
```

```
};
typedef struct {
    struct node *front, *rear;
} LinkQueue;

//初始化链队列
void initQueue(LinkQueue *q) {
    q->front = (node*)malloc(sizeof(node));
    q->rear = q->front;
}

//判断队列是否为空
int Empty(LinkQueue *q) {
    return q->front == q->rear;
}

//元素 x 进队列
void push(LinkQueue *q, dataType x) {
    node *t = (node*)malloc(sizeof(node));
    t->data = x;
    t->next = NULL;
    q->rear->next = t;
    q->rear = t;
}

//出队列
void pop(LinkQueue *q) {
    if (Empty(q)) exit(1);
    node *p = q->front->next;
    q->front->next = p->next;
    free(p);
}

//取队头元素的值
dataType front(LinkQueue *q) {
    return q->front->next->data;
}

//取队尾元素的值
dataType back(LinkQueue *q) {
    return q->rear->data;
}

//求队列元素的个数
int size(LinkQueue* q) {
    node *p = q->front->next;
    int k = 0;
    while (p) {
        k++;
        p = p->next;
```

```
    }
    return k;
}

int main() {
    LinkQueue queue, *q=&queue;
    initQueue(q);
    push(q, 80);
    push(q, 90);
    pop(q);
    push(q, 70);
    printf("队列的元素个数为：%d\n", size(q));
    printf("队头元素为：%d\n", front(q));
    printf("队尾元素为：%d\n", back(q));
}
```

5. 运行程序

运行程序后，将会显示如图4.2所示的界面。

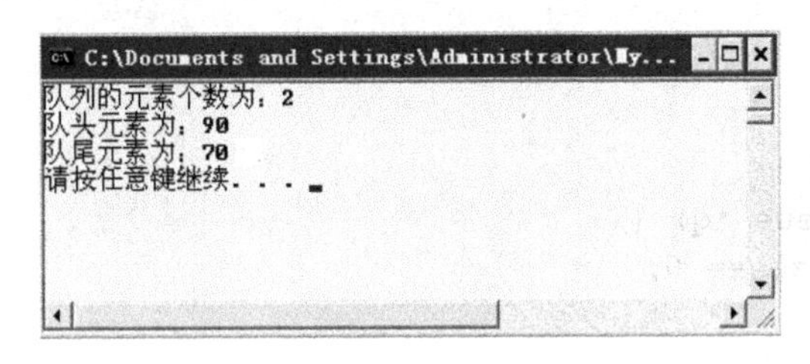

图4.2 链队列的程序运行结果

实验3 队列的应用——优先队列

1. 问题描述

优先队列指的是队列中的每个元素都有个优先级，不同于普通的队列是先进先出，优先队列是按照优先级出队列的。

2. 基本要求

写一个优先队列，实现进队列和出队列的操作。设每个元素是整型数，要求最大的数先出队列。

3. 算法设计

利用线性表来实现这个优先队列。有两种处理方式。

(1) 进队列的时候，将这个元素插入某个位置，一直保持队列里的元素按从大到小排好序。出队列的时候则直接拿出第一个元素，同时，后面每个元素往前移动一个位置。

(2) 进队列的时候将这个元素放到队列的后面。出队列的时候则从队列里找到最大的元素拿出来，此元素之后的所有元素则往前移动一步。

4．实现程序

第一种方法：

```
#include <stdio.h>
#include <malloc.h>
#include <time.h>

#define MaxSize 100
typedef int dataType;
typedef struct {
   dataType data[MaxSize];
   int size;
} PriQueue;

//创建优先队列
PriQueue* createQueue() {
   PriQueue *q = (PriQueue*)malloc(sizeof(PriQueue));
   q->size = 0;
   return q;
}

//判断队列是否为空
int empty(PriQueue *q) {
   return q->size == 0;
}

//元素 x 进队列
void push(PriQueue *q, dataType x) {
   if (q->size == MaxSize) exit(1);
   int j = q->size - 1;
   while (j>=0 && q->data[j]<x) {
      q->data[j+1] = q->data[j];
      j--;
   }
   q->data[j+1] = x;
   q->size++;
}

//出队列
void pop(PriQueue *q) {
   if (empty(q)) exit(1);
   for (int i=1; i<q->size; i++)
      q->data[i-1] = q->data[i];
   q->size--;
}

//取队头元素的值
dataType top(PriQueue *q) {
   if (empty(q)) exit(1);
```

```
    return q->data[0];
}

int main() {
    PriQueue *q = createQueue();
    srand(time(0));
    printf("将 10 个随机数加入优先队列中：\n");
    for (int i=0; i<10; i++) {
        int t = rand() % 100;
        printf("%d ", t);
        push(q, t);
    }
    printf("\n");
    printf("出队列的顺序为：\n");
    while (!empty(q)) {
        printf("%d ", top(q));
        pop(q);
    }
}
```

第二种方法：

```
#include <stdio.h>
#include <malloc.h>
#include <time.h>

#define MaxSize 100
typedef int dataType;
typedef struct {
    dataType data[MaxSize];
    int size;
} PriQueue;

//创建优先队列
PriQueue* createQueue() {
    PriQueue *q = (PriQueue*)malloc(sizeof(PriQueue));
    q->size = 0;
    return q;
}

//判断队列是否为空
int empty(PriQueue *q) {
    return q->size == 0;
}

//元素 x 进队列
void push(PriQueue *q, dataType x) {
    if (q->size == MaxSize) exit(1);
    q->data[q->size++] = x;
}
```

```
//出队列
void pop(PriQueue *q) {
    if (empty(q)) exit(1);
    int max = q->data[0], k = 0;
    for (int i=1; i<q->size; i++)
        if (q->data[i]>max) { max=q->data[i]; k=i; }
    q->data[k] = q->data[q->size - 1];
    q->size--;
}

//取队头元素的值
dataType top(PriQueue *q) {
    if (empty(q)) exit(1);
    int max = q->data[0];
    for (int i=1; i<q->size; i++)
        if (q->data[i] > max)
            max = q->data[i];
    return max;
}

int main() {
    PriQueue *q = createQueue();
    srand(time(0));
    printf("将 10 个随机数加入优先队列中：\n");
    for (int i=0; i<10; i++) {
        int t = rand() % 100;
        printf("%d ", t);
        push(q, t);
    }
    printf("\n");
    printf("出队列的顺序为：\n");
    while (!empty(q)) {
        printf("%d ", top(q));
        pop(q);
    }
}
```

5. **运行程序**

运行程序后，将会显示如图 4.3 所示的界面。

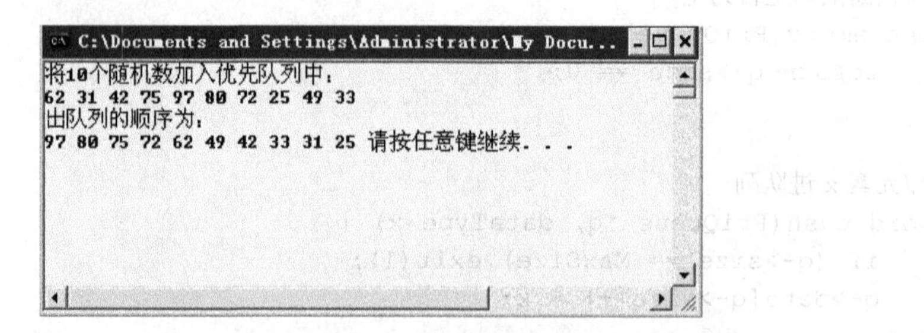

图 4.3　使用优先队列的程序运行结果

实验 4　队列的应用——双端队列

1．问题描述

双端队列指的是既可以在队列的前端增加和删除数据，也可以在队列的尾端增加和删除数据，这样，就可以灵活地进行数据的增、删操作，最大限度地方便使用。

2．基本要求

用双向循环链表来写一个双端队列，要求实现在队列前端和队列尾端进队列和出队列的操作，还要求有得到第一个元素和得到最后一个元素的函数，以及判断队列空的函数、求队列里元素个数的函数。

3．算法设计

用双向循环链表来建立这个双端队列。设两个指针分别指向队列第一个元素和最后一个元素。

为方便操作，设一个头节点，当队列为空时，头指针和尾指针都指向这个头节点。

主要函数如下。

(1) push_front(Deque *dq, dataType x)：在队列前端增加一个元素。

(2) push_back(Deque *dq, dataType x)：在队列尾端增加一个元素。

(3) pop_front(Deque *dq)：删除队头元素。

(4) pop_back(Deque *dq)：删除队尾元素。

(5) front(Deque *dq)：取得队头元素。

(6) back(Deque *dq)：取得队尾元素。

4．程序实现

程序完整的实现代码如下：

```
#include <stdio.h>
#include <malloc.h>

typedef int dataType;
typedef struct node {
    dataType data;
    struct node *left, *right;
} Deque;

//创建双端队列
Deque* createDeque() {
    Deque *head;
    head = (Deque*)malloc(sizeof(Deque));
    head->left = head->right = head;
    return head;
}
```

```
//求双端队列的元素个数
int size(Deque *dq) {
    node *p = dq->right;
    int k = 0;
    while (p != dq) {
        k++;
        p = p->right;
    }
    return k;
}

//判断双端队列是否为空
int empty(Deque *dq) {
    return dq->right == dq;
}

//取队头元素
dataType front(Deque *dq) {
    if (empty(dq)) exit(1);
    return dq->right->data;
}

//取队尾元素的值
dataType back(Deque *dq) {
    if (empty(dq)) exit(1);
    return dq->left->data;
}

//在队头插入元素 x
void push_front(Deque *dq, dataType x) {
    node *s = (node*)malloc(sizeof(node));
    s->data = x;
    s->left = dq;
    s->right = dq->right;
    dq->right->left = s;
    dq->right = s;
}

//在队尾插入元素 x
void push_back(Deque *dq, dataType x) {
    node *s = (node*)malloc(sizeof(node));
    s->data = x;
    s->left = dq->left;
    s->right = dq;
    dq->left->right = s;
    dq->left =s;
}

//删除队头元素
```

```
void pop_front(Deque *dq) {
    if (empty(dq)) exit(1);
    node *p = dq->right;
    p->right->left = dq;
    dq->right = p->right;
    free(p);
}

//删除队尾元素
void pop_back(Deque *dq) {
    if (empty(dq)) exit(1);
    node *p = dq->left;
    p->left->right = dq;
    dq->left = p->left;
    free(p);
}

//清空双端队列的所有元素
void clear(Deque *dq) {
    node *p, *q;
    p = dq->right;
    while (p != dq) {
        q = p;
        p = p->right;
        free(q);
    }
    dq->left = dq->right = dq;
}

//输出双端队列的所有元素
void print(Deque *dq) {
    node *p = dq->right;
    while (p != dq) {
        printf("%d ", p->data);
        p = p->right;
    }
    printf("\n");
}

int main() {
    Deque *dq = createDeque();
    push_back(dq, 80);
    push_front(dq, 90);
    push_back(dq, 70);
    push_front(dq, 60);
    pop_back(dq);
    print(dq);
}
```

5. 运行程序

运行程序后，将会显示如图 4.4 所示的界面。

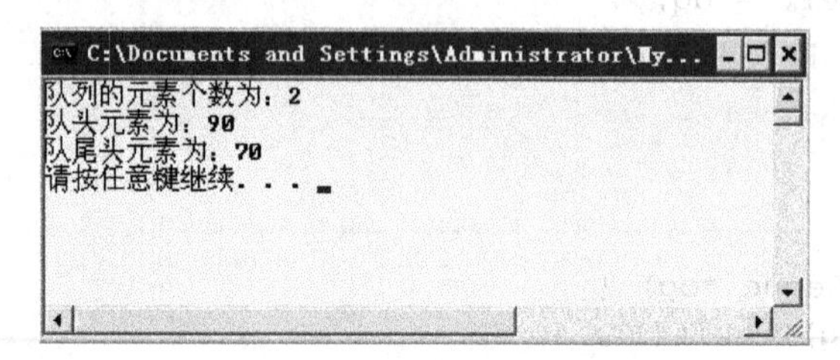

图 4.4　使用双端队列的程序运行结果

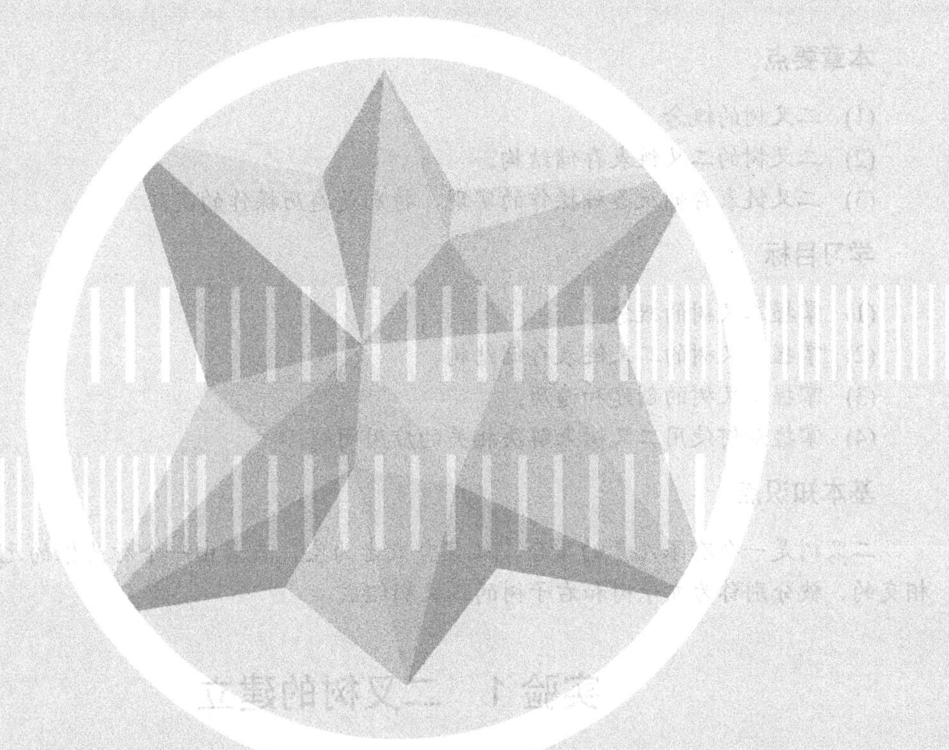

第5章

二　叉　树

本章要点

(1) 二叉树的概念。
(2) 二叉树的二叉链表存储结构。
(3) 二叉链表存储及各种操作的实现，特别是遍历操作的实现。

学习目标

(1) 掌握二叉树的概念。
(2) 掌握二叉树的二叉链表存储结构。
(3) 掌握二叉树的创建和遍历。
(4) 掌握如何使用二叉树来解决相关的应用问题。

基本知识点

二叉树是一个有限元素的集合，该集合或者为空，或者由一个称为根的元素及两个不相交的、被分别称为左子树和右子树的二叉树组成。

实验 1　二叉树的建立

1. 实验目的

(1) 掌握二叉树的概念。
(2) 掌握二叉树的二叉链表存储结构。
(3) 掌握二叉树的创建。

2. 实验内容

(1) 创建二叉树。
(2) 输出二叉树。

3. 算法设计

输入一组数据，按先序序列输入各节点的字符，某节点的左子树或右子树为空时，输入一个字符，如“#”。如对于如下二叉树：

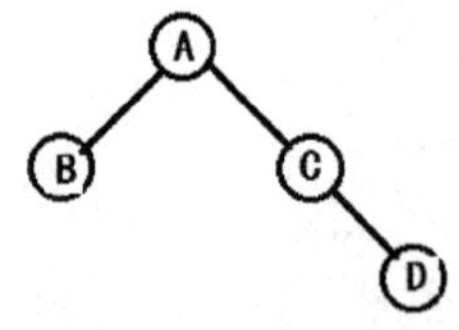

则输入“AB ##C#D##”。根据输入数据建立相应的二叉树。

建立二叉树的函数 CreateTree 采用递归方法，如果输入的这个值是一个正常的字符，则新建一个节点，让指向根节点的指针指向这个节点，然后递归建立这个节点的左子树和右子树。如果输入的这个值是特殊值 x，则让指向根节点的指针指向空 NULL。

4．程序实现

程序完整的实现代码如下：

```
#include <stdio.h>
#include <malloc.h>

typedef char dataType;
struct TreeNode {
    dataType data;
    TreeNode *left, *right;
};

//创建二叉树
//以先序序列输入各节点的数据。某节点的左子树或右子树为空时，输入一个特定的值 x
void CreateTree(TreeNode *&t, dataType x) {
    dataType d;
    scanf("%c", &d);
    if (d == x) {
        t = NULL;
    } else {
        t = (TreeNode*)malloc(sizeof(TreeNode));
        t->data = d;
        CreateTree(t->left, x);
        CreateTree(t->right, x);
    }
}

//输出二叉树
void PrintTree(TreeNode *t) {
    if (t) {
        printf("%c ", t->data);
        PrintTree(t->left);
        PrintTree(t->right);
    }
}

int main() {
    TreeNode *t;
    printf(
      "请按先序序列输入各节点的字符，某节点的左子树或右子树为空时输入一个字符#。\n");
    printf("如输入 ABD#G###CE##F##\n");
    CreateTree(t, '#');
    PrintTree(t);
}
```

5．运行程序

运行程序后，将会显示如图 5.1 所示的界面。

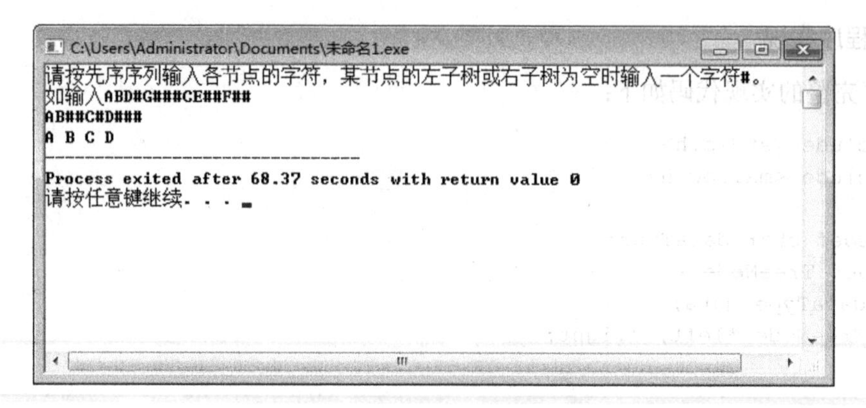

图 5.1　二叉树的创建和输出

实验 2　二叉树的遍历

1. 实验目的

(1) 掌握二叉树的先序遍历。

(2) 掌握二叉树的中序遍历。

(3) 掌握二叉树的后序遍历。

(4) 掌握二叉树的层序遍历。

2. 实验内容

(1) 创建二叉树。

(2) 先序遍历二叉树。

(3) 中序遍历二叉树。

(4) 后序遍历二叉树。

(5) 以层次顺序遍历二叉树。

3. 算法设计

(1) 用二叉树的扩展树的先序遍历结果建立二叉树。

(2) 前序遍历、中序遍历、后序遍历可以使用递归和非递归方法。

(3) 层序遍历时使用一个队列，从二叉树的根开始，每当访问一个节点的时候，就把这个节点的左孩子和右孩子进队列。依次从队列取出一个个元素访问，直到最后队列为空，就遍历结束。

主要的函数如下。

(1) void CreateTree(TreeNode *&t, dataType x)：创建二叉树。

(2) void PreOrder(TreeNode *t)：先序遍历二叉树。

(3) void InOrder(TreeNode *t)：中序遍历二叉树。

(4) void PostOrder(TreeNode *t)：后序遍历二叉树。

(5) void LevelOrder(TreeNode *t)：以层次顺序遍历二叉树。

4. 程序实现

程序完整的实现代码如下：

```
#include <stdio.h>
#include <malloc.h>
#define MaxSize 100

typedef char dataType;
struct TreeNode {
    dataType data;
    TreeNode *left, *right;
};

//创建二叉树
//以先序序列输入各节点的数据。某节点的左子树或右子树为空时，输入一个特定的值 x
void CreateTree(TreeNode *&t, dataType x) {
    dataType d;
    scanf("%c", &d);
    if (d == x) {
        t = NULL;
    } else {
        t = (TreeNode*)malloc(sizeof(TreeNode));
        t->data = d;
        CreateTree(t->left, x);
        CreateTree(t->right, x);
    }
}

//先序遍历二叉树
void PreOrder(TreeNode *t) {
    if (t) {
        printf("%c ", t->data);
        PreOrder(t->left);
        PreOrder(t->right);
    }
}

//中序遍历二叉树
void InOrder(TreeNode *t) {
    if (t) {
        InOrder(t->left);
        printf("%c ", t->data);
        InOrder(t->right);
    }
}

//后序遍历二叉树
void PostOrder(TreeNode *t) {
    if (t) {
```

```
        PostOrder(t->left);
        PostOrder(t->right);
        printf("%c ", t->data);
    }
}

//以层次顺序遍历二叉树
void LevelOrder(TreeNode *t) {
    TreeNode *q[MaxSize];
    int front=0, rear=0;
    TreeNode *p;
    if (t == NULL) return;
    q[rear] = t;
    rear = (rear+1) % MaxSize;
    while (front != rear) {
        p = q[front];
        front = (front+1) % MaxSize;
        printf("%c ", p->data);
        if (p->left) {
            q[rear] = p->left;
            rear = (rear+1) % MaxSize;
        }
        if (p->right) {
            q[rear] = p->right;
            rear = (rear+1) % MaxSize;
        }
    }
}

int main() {
    TreeNode *t;
    printf(
      "请按先序序列输入各节点的字符，某节点的左子树或右子树为空时输入一个字符#。\n");
    printf("如输入 ABD#G###CE##F##\n");
    CreateTree(t, '#');
    printf("先序遍历为：");
    PreOrder(t);
    printf("\n");
    printf("中序遍历为：");
    InOrder(t);
    printf("\n");
    printf("后序遍历为：");
    PostOrder(t);
    printf("\n");
    printf("层序遍历为：");
    LevelOrder(t);
    printf("\n");
}
```

5. 运行程序

运行程序后，将会显示如图 5.2 所示的界面。

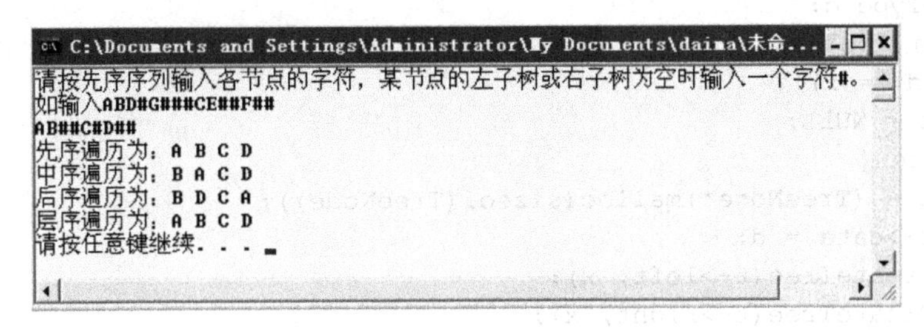

图 5.2 四种遍历的结果

实验 3 二叉树的高度、节点数、叶子节点数

1. 实验目的

(1) 掌握二叉树的存储结构。
(2) 掌握对二叉树求高度、节点数、最大值等各种操作的方法。

2. 实验内容

(1) 求二叉树的高度。
(2) 求二叉树的总节点数。
(3) 求二叉树的叶子节点数。
(4) 求二叉树节点的最大值。

3. 算法设计

(1) 定义和创建一个二叉树。
(2) 用递归方法求二叉树的高度 Height()。
(3) 求二叉树的总节点数 Size()。
(4) 求二叉树的叶子节点数 Leaf()。
(5) 求二叉树的最大值 Max()。

4. 程序实现

程序完整的实现代码如下：

```
#include <stdio.h>
#include <malloc.h>

typedef char dataType;
struct TreeNode {
    dataType data;
    TreeNode *left, *right;
};
```

```
//创建二叉树
//以先序序列输入各节点的数据。某节点的左子树或右子树为空时，输入一个特定的值 x
void CreateTree(TreeNode *&t, dataType x) {
    dataType d;
    scanf("%c", &d);
    if (d == x) {
        t = NULL;
    } else {
        t = (TreeNode*)malloc(sizeof(TreeNode));
        t->data = d;
        CreateTree(t->left, x);
        CreateTree(t->right, x);
    }
}

//二叉树的高度
int Height(TreeNode *t) {
    if (t == NULL) return 0;
    int l = Height(t->left);
    int r = Height(t->right);
    return l>r? l+1 : r+1;
}

//二叉树的总节点数
int Size(TreeNode *t) {
    if (t == NULL) {
        return 0;
    } else {
        return Size(t->left) + Size(t->right) + 1;
    }
}

//二叉树的叶子节点数
int Leaf(TreeNode *t) {
    if (t == NULL) return 0;
    if (t->left==NULL && t->right==NULL) return 1;
    return Leaf(t->left) + Leaf(t->right);
}

//二叉树的最大值
int Max(TreeNode *t) {
    if (t == NULL) return 0;
    if (t->left==NULL && t->right==NULL)
        return t->data;
    int l = Max(t->left);
    int r = Max(t->right);
    return l>r? l : r;
}

int main() {
```

```
    TreeNode *t;
    printf(
     "请按先序序列输入各节点的字符，某节点的左子树或右子树为空时输入一个字符#。\n");
    printf("如输入ABD#G###CE##F##\n");
    CreateTree(t, '#');
    printf("二叉树的高度为：%d\n", Height(t));
    printf("二叉树的总节点数为：%d\n", Size(t));
    printf("二叉树的叶子节点数为：%d\n", Leaf(t));
    printf("二叉树的最大值为：%c\n", Max(t));
}
```

5. 运行程序

运行程序后，将会显示如图5.3所示的界面。

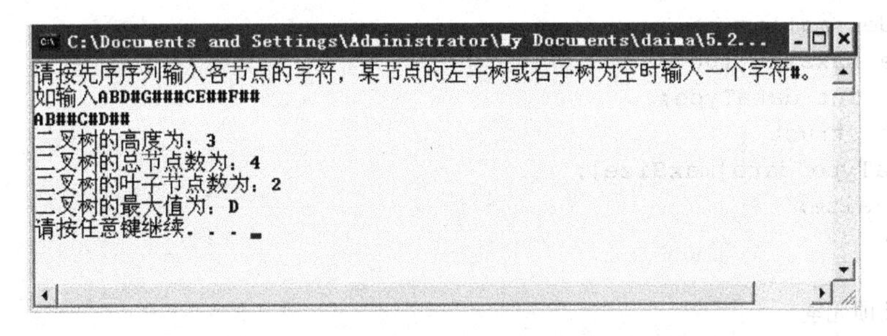

图5.3 二叉树的高度、节点数、叶子节点数

实验4 堆

1. 问题描述

写一个大顶堆的类，实现堆的基本功能。

2. 基本要求

(1) 用数组元素创建一个堆。

(2) 往堆中插入元素。

(3) 删除堆顶元素。

(4) 得到堆顶元素。

(5) 输出堆。

(6) 判断堆是否为空。

(7) 判断堆是否满。

(8) 往上调整第i个元素。

(9) 往下调整第i个元素。

3. 算法设计

(1) 先建立一个数组空间，用以存放数据。

(2) 写两个函数FilterUp(int i)和FilterDown(int i)，FilterUp的作用是将i位置的这个数据一路向上移动，直到该元素移动到合适的位置，以保持整个二叉树满足堆的条件。FilterDown的作用是将i位置的这个数据一路向下移动，直到该元素移动到合适的位置。

(3) 对于增加数据的函数Insert(const T &x)，先将x放到最后，再调用FilterUp将x调整到合适的位置。

(4) 对于删除堆顶元素的函数Delete()，先将最后一个元素放到最前，取代堆顶元素，放到最后，再调用FilterDown函数，将这个元素调整到合适的位置。

4. 程序实现

程序完整的实现代码如下：

```
#include <stdio.h>
#include <malloc.h>
#define maxSize 100
typedef int dataType;
typedef struct {
    dataType data[maxSize];
    int size;
} Heap;

//得到堆顶元素
dataType GetHeapTop(Heap *heap) {
    return heap->data[0];
}

//判断堆是否为空
int HeapEmpty(Heap *heap) {
    return heap->size == 0;
}

//判断堆是否满
int HeapFull(Heap *heap) {
    return heap->size == maxSize;
}

//往堆中插入元素
void FilterUp(Heap *heap, int i);
void Insert(Heap *heap, dataType x) {
    if (heap->size == maxSize) exit(1);
    heap->data[heap->size] = x;
    FilterUp(heap, heap->size);
    heap->size++;
}

//删除堆顶元素
void FilterDown(Heap *heap, int i) ;
dataType Delete(Heap *heap) {
    if (heap->size==0) exit(1);
```

```
    dataType temp = heap->data[0];
    heap->data[0] = heap->data[heap->size-1];
    heap->size--;
    FilterDown(heap, 0);
    return temp;
}

//往下调整第 i 个元素
void FilterDown(Heap *heap, int i) {
    int current=i, child=2*i+1;
    dataType target = heap->data[i];
    while (child < heap->size) {
        if (child+1<heap->size && heap->data[child+1]>heap->data[child])
            child++;
        if (target >= heap->data[child]) {
            break;
        } else {
            heap->data[current] = heap->data[child];
            current = child;
            child = 2*current + 1;
        }
    }
    heap->data[current] = target;
}

//往上调整第 i 个元素
void FilterUp(Heap *heap, int i) {
    int current=i, parent=(i-1)/2;
    dataType target = heap->data[i];
    while (current!=0 && target>heap->data[parent]) {
        heap->data[current] = heap->data[parent];
        current = parent;
        parent = (current-1)/2;
    }
    heap->data[current] = target;
}

//用数组元素创建一个堆
Heap* CreateHeap(dataType a[], int n) {
    Heap *heap = (Heap*)malloc(n*sizeof(Heap));
    heap->size = n;
    for (int i=0; i<n; i++)
        heap->data[i] = a[i];
    int current = (n-2)/2;
    while(current >= 0) {
        FilterDown(heap, current);
        current--;
    }
    return heap;
}
```

```
//输出堆
void Print(Heap *heap) {
    for (int i=0; i<heap->size; i++)
        printf("%d ", heap->data[i]);
    printf("\n");
}

int main() {
    int a[] = {6,3,4,0,9,1,8,2,7,5};
    Heap *h = CreateHeap(a, 10);
    Print(h);
}
```

5. 运行程序

运行程序后，将会显示如图 5.4 所示的界面。

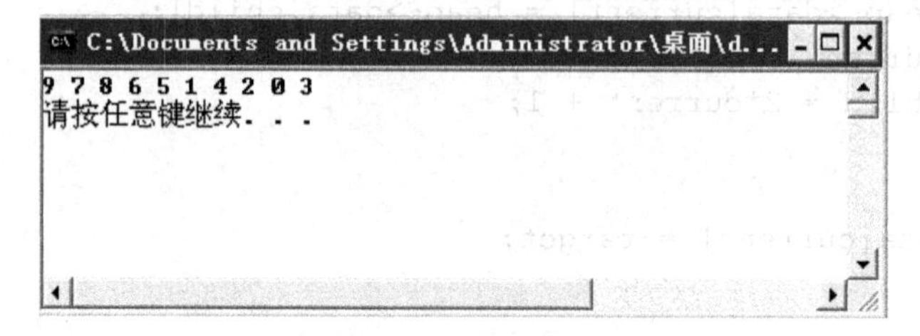

图 5.4　堆的创建

第6章

图

本章要点

(1) 图的概念。
(2) 图的邻接矩阵和邻接表存储。
(3) 图的各种基本操作的实现。
(4) 有关图的几个算法。

学习目标

(1) 掌握图的邻接矩阵存储。
(2) 掌握图的邻接表存储。
(3) 掌握图的各种操作的实现。
(4) 掌握有关图的几个经典算法。
(5) 掌握如何使用图来解决相关的应用问题。

基本知识点

图是由非空的顶点集合和一个描述顶点之间关系的边或者弧的集合组成的。图结构是一种比较复杂的非线性结构，在图结构中，任意两个节点之间都可能相关。因此，图结构被用于描述复杂的数据对象，在诸多领域中有着非常广泛的应用。

实验1　图的邻接矩阵表示

1. 实验目的

(1) 掌握图的邻接矩阵存储结构。
(2) 掌握图的邻接矩阵的创建。

2. 实验内容

(1) 定义一个图的邻接矩阵存储结构。
(2) 根据输入的信息，建立图的邻接矩阵。
(3) 输出图的顶点和边的信息。

3. 实现提示

(1) 设计一个一维数组，用以存储顶点的值。
(2) 设计一个二维数组，用以存储边的信息。
(3) 给每个顶点一个值(0, 1, 2, 3, ...)。
(4) 输入边的信息时，就输入这条边对应的两个顶点的编号。
(5) 函数 showMatrix()用来输出每个顶点和每条边的信息。

4. 程序实现

程序完整的实现代码如下：

```
#include <stdio.h>
#include <malloc.h>
#define maxSize 100
typedef char VertexType;

typedef struct {
    VertexType vexs[maxSize];
    int edge[maxSize][maxSize];
    int n, e;
} Graph;

//得到图的第 i 个顶点的值
VertexType GetValue(Graph *g, int i) {
    if (i<0 || i>=g->n) exit(1);
    return g->vexs[i];
}

//输入顶点和边，创建图
void create(Graph *g) {
    int i, j, k;
    printf("请输入顶点数和边数：");
    scanf("%d%d", &g->n, &g->e);
    printf("请输入%d 个顶点的值：", g->n);
    getchar();
    for (i=0; i<g->n; i++)
        scanf("%c", &g->vexs[i]);
    for (i=0; i<g->n; i++)
        for (j=0; j<g->n; j++)
            g->edge[i][j] = 0;
    printf("请输入%d 条边：", g->e);
    for (k=0; k<g->e; k++) {
        scanf("%d%d", &i, &j);
        g->edge[i][j] = 1;
        g->edge[j][i] = 1;
    }
}

//输出图的邻接矩阵
void showMatrix(Graph *g) {
    printf("   ");
    for (int i=0; i<g->n; i++)
        printf("%3c", g->vexs[i]);
    printf("\n");
    for (int i=0; i<g->n; i++) {
        printf("%3c", g->vexs[i]);
        for (int j=0; j<g->n; j++)
            printf("%3d", g->edge[i][j]);
        printf("\n");
    }
}
```

```
int main() {
    Graph g, *pg=&g;
    create(pg);
    showMatrix(pg);
}
```

5. 运行程序

运行程序后，将会显示如图 6.1 所示的界面。

```
C:\Documents and Settings\Administrator\桌面\tudelinj...
请输入顶点数和边数：4 3
请输入4个顶点的值：0123
请输入3条边：0 1 0 2 1 2
    0  1  2  3
 0  0  1  1  0
 1  1  0  1  0
 2  1  1  0  0
 3  0  0  0  0
请按任意键继续. . .
```

图 6.1　使用图的邻接矩阵

实验 2　图的邻接表表示

1. 实验目的

(1) 掌握图的邻接表存储结构。

(2) 掌握图的邻接表的创建。

2. 实验内容

(1) 定义一个图的邻接表存储结构。

(2) 根据输入的信息，建立图的邻接表。

(3) 输出图的顶点和边的信息。

3. 实现提示

(1) 定义顶点结构、边结构。

(2) 设计一个顶点结构一维数组，用以存储点的信息。

(3) 给每个顶点一个编号(0, 1, 2, 3, ...)。

(4) 输入边的信息时就输入这条边对应的两个顶点的编号，建立每个点后的邻接表。

4. 程序实现

程序完整的实现代码如下：

```
#include <stdio.h>
#include <malloc.h>
```

```
#define maxSize 100

typedef char VertexType;

typedef struct edge {
    int dest;
    edge *next;
} edge;

typedef struct {
    VertexType data;
    edge *adj;
} vertex;

typedef struct {
    vertex vexs[maxSize];
    int n, e;
} Graph;

//初始化图
void Init(Graph *g) {
    for (int i=0; i<maxSize; i++)
        g->vexs[i].adj = NULL;
    g->n = g->e = 0;
}

//得到图的第 i 个顶点的值
VertexType GetValue(Graph *g, int i) {
    if (i<0 || i>=g->n) exit(1);
    return g->vexs[i].data;
}

//输入顶点和边，创建图
void create(Graph *g) {
    int i, j, k;
    edge *s;
    printf("请输入顶点数和边数：");
    scanf("%d%d", &g->n, &g->e);
    printf("请输入%d 个顶点的值：", g->n);
    getchar();
    for (i=0; i<g->n; i++) {
        scanf("%c", &g->vexs[i].data);
        g->vexs[i].adj = NULL;
    }
    printf("请输入%d 条边：", g->e);
    for (k=0; k<g->e; k++) {
        scanf("%d%d", &i, &j);
        s = (edge*)malloc(sizeof(edge));
        s->dest = j;
        s->next = g->vexs[i].adj;
```

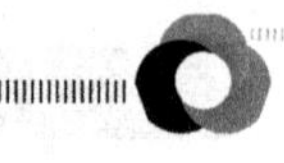

```
        g->vexs[i].adj = s;
        s = (edge*)malloc(sizeof(edge));
        s->dest = i;
        s->next = g->vexs[j].adj;
        g->vexs[j].adj = s;
    }
}

//输出一个顶点的链表
void Print(edge *e) {
    edge *p = e;
    while (p) {
        printf("%3d", p->dest);
        p = p->next;
    }
    printf("\n");
}

//输出图的邻接表
void showMatrix(Graph *g) {
    for (int i=0; i<g->n; i++) {
        printf("%3c", g->vexs[i].data);
        Print(g->vexs[i].adj);
    }
}

int main() {
    Graph g, *pg=&g;
    create(pg);
    showMatrix(pg);
    system("pause");
}
```

5. 运行程序

运行程序后，将会显示如图 6.2 所示的界面。

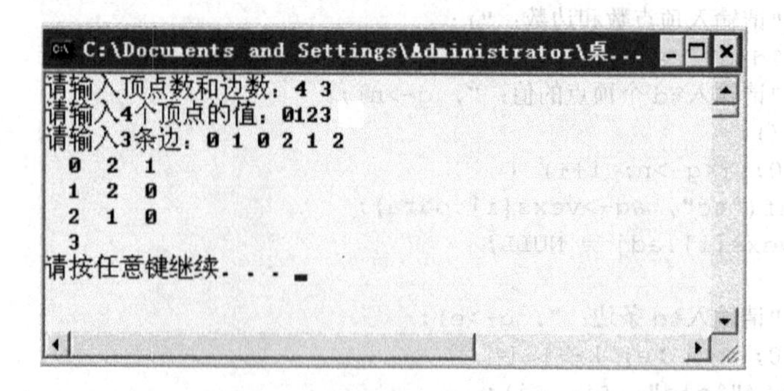

图 6.2 使用图的邻接表

实验3 图的深度优先搜索

1. 问题描述

对一个图进行深度优先遍历。

2. 基本要求

对一个邻接矩阵表示的图进行深度优先遍历，按深度优先遍历的顺序输出每个顶点的值。

3. 实现提示

需要建立的相关函数如下。

(1) VertexType GetValue(Graph *g, int i)：得到图的第 i 个顶点的值。

(2) int GetFirstNeighbor(Graph *g, int v)：得到顶点 v 的第一个邻接点。

(3) int GetNextNeighbor(Graph *g, int v1, int v2)：得到顶点 v 的下一个邻接点。

(4) void Dfs(Graph *g, int v, int visited[])：从顶点 v 开始进行深度优先遍历。

(5) void DFS(Graph *g)：对整个图进行深度优先遍历。

(6) void create(Graph *g)：输入顶点和边，创建图。

4. 程序实现

程序完整的实现代码如下：

```
#include <stdio.h>
#include <malloc.h>
#define maxSize 20
typedef char VertexType;

typedef struct {
   VertexType vexs[maxSize];
   int edge[maxSize][maxSize];
   int n, e;
} Graph;

//得到图的第 i 个顶点的值
VertexType GetValue(Graph *g, int i) {
   if (i<0 || i>=g->n) exit(1);
   return g->vexs[i];
}

//得到顶点 v 的第一个邻接点
int GetFirstNeighbor(Graph *g, int v) {
   if (v<0 || v>=g->n) exit(1);
   for (int i=0; i<g->n; i++)
      if(g->edge[v][i]==1) return i;
   return -1;
```

```
}

//得到顶点 v 的下一个邻接点
int GetNextNeighbor(Graph *g, int v1, int v2) {
    if (v1<0 || v1>=g->n || v2<0 || v2>=g->n) exit(1);
    for (int i=v2+1; i<g->n; i++)
        if (g->edge[v1][i]==1) return i;
    return -1;
}

//从顶点 v 开始进行深度优先遍历
void Dfs(Graph *g, int v, int visited[]) {
    printf("%c ", GetValue(g, v));
    visited[v] = 1;
    int w = GetFirstNeighbor(g, v);
    while (w != -1) {
        if (!visited[w]) Dfs(g, w, visited);
        w = GetNextNeighbor(g, v, w);
    }
}

//对整个图进行深度优先遍历
void DFS(Graph *g) {
    int visited[maxSize] = {0};
    for(int i=0; i<g->n; i++)
        if (!visited[i]) Dfs(g, i, visited);
}

//输入顶点和边，创建图
void create(Graph *g) {
    int i, j, k;
    printf("请输入顶点数和边数：");
    scanf("%d%d", &g->n, &g->e);
    printf("请输入%d 个顶点的值：", g->n);
    getchar();
    for (i=0; i<g->n; i++)
        scanf("%c", &g->vexs[i]);
    for (i=0; i<g->n; i++)
        for (j=0; j<g->n; j++)
            g->edge[i][j] = 0;
    printf("请输入%d 条边：", g->e);
    for (k=1; k<=g->e; k++) {
        scanf("%d%d", &i, &j);
        g->edge[i][j] = 1;
        g->edge[j][i] = 1;
    }
}

int main() {
    Graph g, *pg=&g;
```

```
    create(pg);
    printf("深度优先遍历为：");
    DFS(pg);
    system("pause");
}
```

5. 运行程序

运行程序后，将会显示如图 6.3 所示的界面。

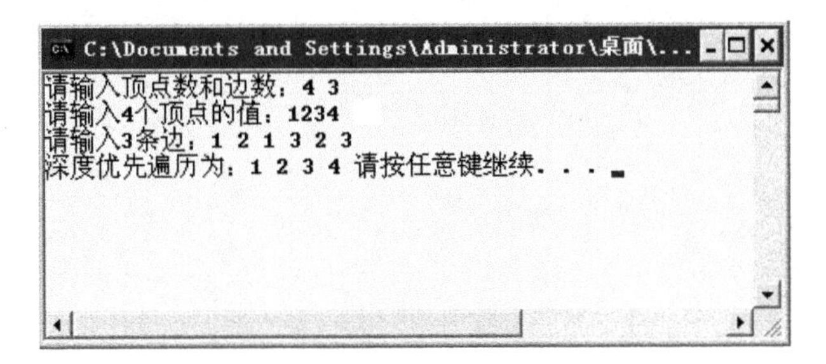

图 6.3　图的深度优先遍历结果

```
    create(g);
    printf("深度优先遍历为: ");
    DFS(g);
    system("pause");
}
```

5. 运行程序

运行程序后，将会显示如图6.3所示的界面。

图6.3 图的深度优先遍历结果

第7章

排 序

本章要点

(1) 排序的相关概念。
(2) 插入排序的算法。
(3) 交换排序(冒泡和快速)的算法。
(4) 选择排序(简单的选择排序、树型排序、堆排序)。
(5) 归并排序(二路归并)。
(6) 排序的稳定性和性能分析。

学习目标

(1) 掌握排序的相关概念。
(2) 掌握插入排序算法的基本思想。
(3) 掌握交换排序(冒泡和快速)算法的基本思想。
(4) 掌握选择排序(简单的选择排序、树型排序、堆排序)的基本思想。
(5) 掌握归并排序(二路归并)的基本思想。
(6) 掌握快速排序算法的基本思想。
(7) 掌握排序的数据结构以及算法的描述。
(8) 能够图示插入排序、交换排序、选择排序、2 路归并、快速排序方法的过程。
(9) 掌握各种排序方法的思想和特点，掌握排序算法稳定和不稳定的定义。
(10) 掌握排序算法性能分析，并能根据不同的情况灵活选择及应用。

基本知识点

排序是计算机程序设计中的一个重要操作，也是有关查找算法实现的前提。排序的功能是把一个数据元素集合或序列重新排列成一个按数据元素某个项值有序的序列。在排序过程中，待排序的元素存放在一个数组中。

实验1　冒 泡 排 序

1. 实验目的

(1) 掌握冒泡排序算法的基本思想和实现方法。
(2) 掌握简单冒泡算法的改进。

2. 实验内容

用冒泡排序方法对数据表进行排序。

3. 实现提示

(1) void Bubble1(DataList &L)：从前往后的冒泡排序。
(2) void Bubble2(DataList &L)：从后往前的冒泡排序。
(3) void Bubble3(DataList &L)：设标志的冒泡排序。

4. 程序实现

程序完整的实现代码如下：

```
#include <stdio.h>
#include <stdlib.h>
#include <time.h>
#define N 20

//冒泡排序 1，从前往后
void bubble1(int a[], int n) {
    int i, j, t;
    for (i=1; i<n; i++) {
        for (j=0; j<n-i; j++) {
            if (a[j] > a[j+1]) {
                t = a[j];
                a[j] = a[j+1];
                a[j+1] = t;
            }
        }
    }
}

//冒泡排序 2，从后往前
void bubble2(int a[], int n) {
    int i, j, t;
    for (i=0; i<n-1; i++) {
        for (j=n-1; j>i; j--) {
            if (a[j-1] > a[j]) {
                t = a[j-1];
                a[j-1] = a[j];
                a[j] = t;
            }
        }
    }
}

//冒泡排序 3，加上一标志 flag
void bubble3(int a[], int n) {
    int i, flag=1, t;
    for (i=1; i<n && flag==1; i++) {
        flag = 0;
        for (int j=0; j<n-i; j++) {
            if (a[j] > a[j+1]) {
                t = a[j];
                a[j] = a[j+1];
                a[j+1] = t;
                flag = 1;
            }
        }
```

```
    }
}

int main() {
    int a[N], i;
    srand(time(0));

    for (i=0; i<N; i++)
        a[i] = rand() % 100;
    printf("初始数据为: ");

    for (i=0; i<N; i++)
        printf("%d ", a[i]);
    printf("\n");
    bubble1(a, N);
    //bubble2(a, N);
    //bubble3(a, N);
    printf("排序后数据: ");
    for (i=0; i<N; i++) printf("%d ", a[i]);
}
```

5. 运行程序

运行程序后，将会显示如图 7.1 所示的界面。

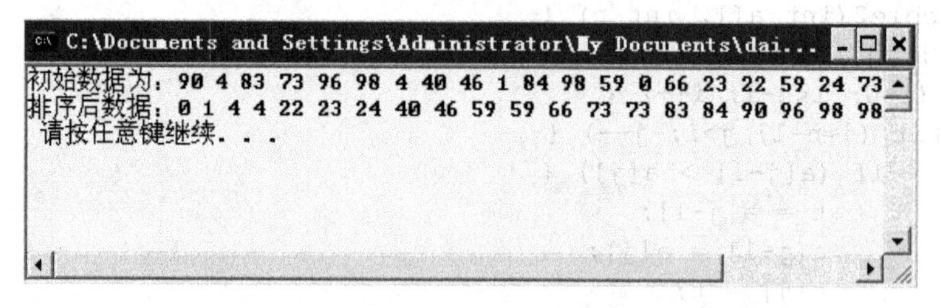

图 7.1　使用冒泡排序

实验 2　插入排序、选择排序

1. 实验目的

(1) 掌握直接插入排序算法的基本思想和实现方法。
(2) 掌握直接选择排序算法的基本思想和实现方法。
(3) 验证各种排序算法的时间性能。
(4) 能够图示各种排序的过程。

2. 实验内容

(1) 用直接插入排序方法，对数据表进行排序。
(2) 用直接选择排序方法对数据表进行排序。

3．实现提示

(1)　void InsertSort(DataList &L)：插入排序。

(2)　void SelectSort(DataList &L)：选择排序。

主函数 main()随机产生 100 个 1000 以内的整数，分别调用不同的排序方法，并显示出排序所用的时间。

4．程序实现

程序完整的实现代码如下：

```
#include <stdio.h>
#include <stdlib.h>
#include <time.h>
#define N 20

//直接插入排序
void InsertSort(int a[], int n) {
    int i, j, temp;
    for (i=1; i<n; i++) {
        temp = a[i];
        j = i - 1;
        while (j>=0 && a[j]>temp) {
            a[j+1] = a[j];
            j--;
        }
        a[j+1] = temp;
    }
}

//直接选择排序
void SelectSort(int a[], int n) {
    int i, j, k, m;
    for (i=0; i<n-1; i++) {
        m = a[i];
        k = i;
        for (j=i+1; j<n; j++)
            if (a[j] < m) {
                m=a[j]; k=j;
            }
        a[k] = a[i];
        a[i] = m;
    }
}

int main() {
    int a[N], i;
    srand(time(0));
    for (i=0; i<N; i++)
        a[i] = rand() % 100;
```

```
    printf("初始数据为: ");
    for (i=0; i<N; i++)
        printf("%d ", a[i]);
    printf("\n");
    InsertSort(a, N);
    //SelectSort(a, N);
    printf("排序后数据: ");
    for (i=0; i<N; i++) printf("%d ", a[i]);
}
```

5. 运行程序

运行程序后，将会显示如图 7.2 所示的界面。

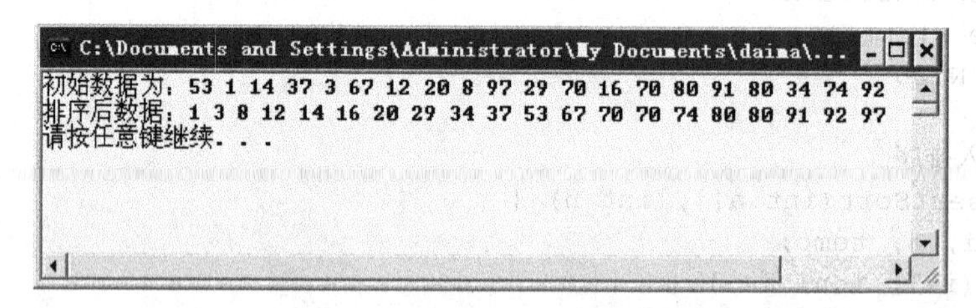

图 7.2　使用插入、选择排序

实验 3　归 并 排 序

1. 实验目的

(1) 掌握归并排序算法的基本思想和实现方法。
(2) 理解对两个相邻区间的元素的归并。
(3) 验证归并排序算法的时间性能。
(4) 能够图示各种排序的过程。

2. 实验内容

用归并排序方法，对一组随机生成的数据进行排序，理解归并排序算法，编写实现程序。

3. 实现提示

归并排序的递归算法思想如下。
(1) 将数组从中间一分为二。
(2) 对左面一半数据进行排序。
(3) 对右面一半数据进行排序。
(4) 对左面和右面的数据进行合并。

4. 实现程序

程序完整的实现代码如下：

```
#include <stdio.h>
#include <stdlib.h>
#include <time.h>
#define N 20

//将a[l]...a[m]和a[m+1]...a[r]合并到t[l]...t[r]
void Merge(int a[], int t[], int l, int m, int r) {
   int i=l, j=m+1, k=l;
   while (i<=m && j<=r)
      if (a[i] <= a[j]) {
         t[k++] = a[i++];
      } else {
         t[k++] = a[j++];
      }
   while (i <= m)
      t[k++] = a[i++];
   while (j <= r)
      t[k++] = a[j++];
}

//将a[l..r]进行2路归并排序
void MSort(int a[], int t[], int l, int r) {
   if (l == r) return;
   int m = (l+r)/2;
   MSort(a, t, l, m);
   MSort(a, t, m+1, r);
   Merge(a, t, l, m, r);
   for (int i=l; i<=r; i++)
      a[i] = t[i];
}

//归并排序1
void MergeSort1(int a[], int n) {
   int *t = (int*)malloc(n*sizeof(int));
   MSort(a, t, 0, n-1);
}

//将a数组的元素以长度为len进行分组，进行一趟两两合并的过程
void MergePass(int a[], int b[], int n, int len) {
   int i = 0;
   while (i+2*len-1 < n) {
      Merge(a, b, i, i+len-1, i+2*len-1);
      i += 2*len;
   }
   if (i+len < n) {
      Merge(a, b, i, i+len-1, n-1);
   } else {
      for (int j=i; j<n; j++)
      b[j] = a[j];
   }
```

```
}

//归并排序 2
void MergeSort2(int a[], int n) {
    int *t = (int*)malloc(n*sizeof(int));
    int len = 1;
    while(len < n) {
        MergePass(a, t, n, len);
        len *= 2;
        MergePass(t, a, n, len);
        len *= 2;
    }
}

int main() {
    int a[N], i;
    srand(time(0));
    for (i=0; i<N; i++)
        a[i] = rand() % 100;
    printf("初始数据为: ");
    for (i=0; i<N; i++)
        printf("%d ", a[i]);
    printf("\n");
    MergeSort1(a, N);
    //MergeSort2(a, N);
    printf("排序后数据: ");
    for (i=0; i<N; i++) printf("%d ", a[i]);
}
```

5．运行程序

运行程序后，将会显示如图 7.3 所示的界面。

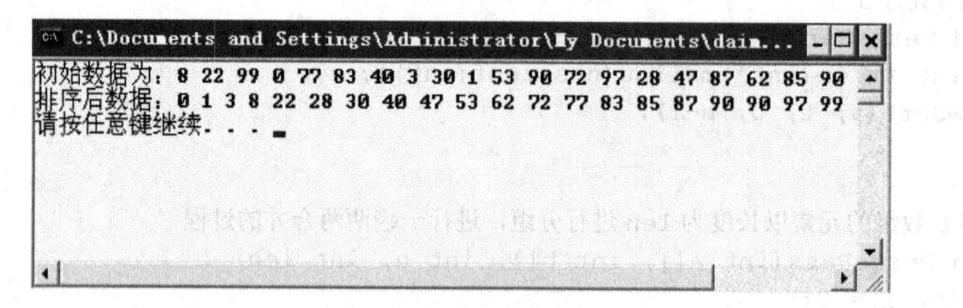

图 7.3　归并排序

实验 4　快 速 排 序

1．实验目的

(1)　掌握快速排序算法的基本思想和实现方法。

(2) 理解对特定区间元素的一次划分。

(3) 理解快速排序算法的递归思想。

(4) 验证快速排序的时间性能。

(5) 能够图示各种排序的过程。

2. 实验内容

用快速排序的方法，对一组随机生成的数据进行排序。理解快速排序的算法，编写实现程序。

3. 实现提示

快速排序的方法如下。

(1) 先调用分区算法 Partition 对数组进行分区，以第一个元素为基准，将数组分为两部分，使得前面的元素都比第一个小，后面的都比第一个大，将这第一个元素放到中间。

(2) 对左面的元素进行快速排序。

(3) 对右面的元素进行快速排序。

分区算法 Partition 的方法是，在前面找一个比基准元素大的元素，在后面找一个比基准元素小的元素，将这两个元素交换位置。重复进行，直到小的都换到了前面，大的都换到了后面。

4. 程序实现

程序完整的实现代码如下：

```
#include <stdio.h>
#include <stdlib.h>
#include <time.h>
#define N 20

//将 a 数组分为两个区
int Partition(int a[], int low, int high) {
    int x = a[low];
    while (low < high) {
        while (low<high && a[high]>=x) high--;
        if (low < high) {
            a[low] = a[high];
            low++;
        }
        while (low<high && a[low]<=x) low++;
        if (low < high) {
            a[high] = a[low];
            high--;
        }
    }
    a[low] = x;
    return low;
}
```

```
//另一个分区算法
int Partition2(int a[], int low, int high) {
    int i=low, j=high+1, x=a[low], t;
    while (i < j) {
        do i++; while (a[i] < x);
        do j--; while (a[j] > x);
        if (i < j) {
            t = a[i];
            a[i] = a[j];
            a[j] = t;
        }
    }
    a[low] = a[j];
    a[j] = x;
    return j;
}

//将 a 数组的区间[low..high]的元素进行快速排序
void QSort(int a[], int low, int high) {
    if (low < high) {
        int mid = Partition(a, low, high);
        //int mid = Partition2(a, low, high);  采用另一个分区算法
        QSort(a, low, mid-1);
        QSort(a, mid+1, high);
    }
}

//快速排序
void QuickSort(int a[], int n) {
    QSort(a, 0, n-1);
}

int main() {
    int a[N], i;
    srand(time(0));
    for (i=0; i<N; i++)
        a[i] = rand() % 100;
    printf("初始数据为：");
    for (i=0; i<N; i++)
        printf("%d ", a[i]);
    printf("\n");
    QuickSort(a, N);
    //MergeSort2(a, N);
    printf("排序后数据：");
    for (i=0; i<N; i++) printf("%d ", a[i]);
}
```

5. 运行程序

运行程序后，将会显示如图 7.4 所示的界面。

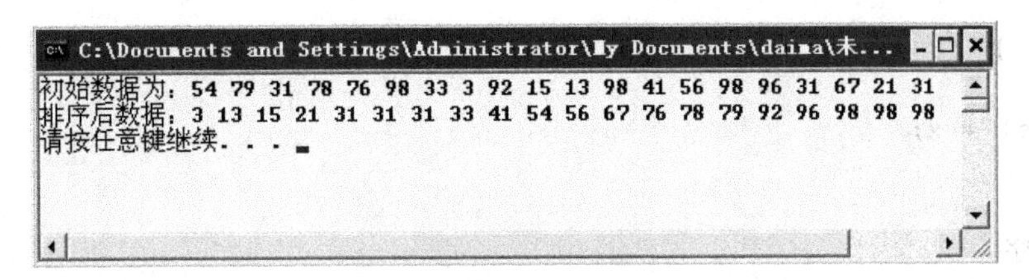

图 7.4　使用快速排序

实验 5　堆　排　序

1. 实验目的

掌握堆排序算法的基本思想和实现方法。

2. 实验内容

用堆排序方法对数据表进行排序，编写实现程序。

3. 实现提示

堆排序的算法思想如下。

(1) 将数组建成一个大顶堆。
(2) 把数组的第一个元素和最后一个元素互换。
(3) 把第一个元素往下调整，直到符合大顶堆。
(4) 把数组的第一个元素和倒数第二个元素互换。
(5) 把第一个元素往下调整，直到符合大顶堆。
(6) 重复以上过程，到最后，就从小到大排好了序。

4. 程序实现

程序完整的实现代码如下：

```
#include <stdio.h>
#include <stdlib.h>
#include <time.h>
#define N 20

//把数组 a 的元素 a[s]从上往下进行调整，一直进行到 m 处
void HeapAjust(int a[], int s, int m) {
    int j = 2*s + 1;
    int x = a[s];
    while (j <= m) {
        if ((j+1<=m) && (a[j+1]>a[j])) j++;
        if (x >= a[j]) {
            break;
        } else {
            a[s] = a[j];
            s = j;
            j = 2*s + 1;
```

```
        }
    }
    a[s] = x;
}

//堆排序
void HeapSort(int a[], int n) {
    for (int i=(n-2)/2; i>=0; i--)
        HeapAjust(a, i, n-1);
    for (int i=n-1; i>0; i--) {
        int t = a[0];
        a[0] = a[i];
        a[i] = t;
        HeapAjust(a, 0, i-1);
    }
}

int main() {
    int a[N], i;
    srand(time(0));
    for (i=0; i<N; i++)
        a[i] = rand() % 100;
    printf("初始数据为: ");
    for (i=0; i<N; i++)
        printf("%d ", a[i]);
    printf("\n");
    HeapSort(a, N);
    printf("排序后数据: ");
    for (i=0; i<N; i++) printf("%d ", a[i]);
}
```

5. 运行程序

运行程序后，将会显示如图 7.5 所示的界面。

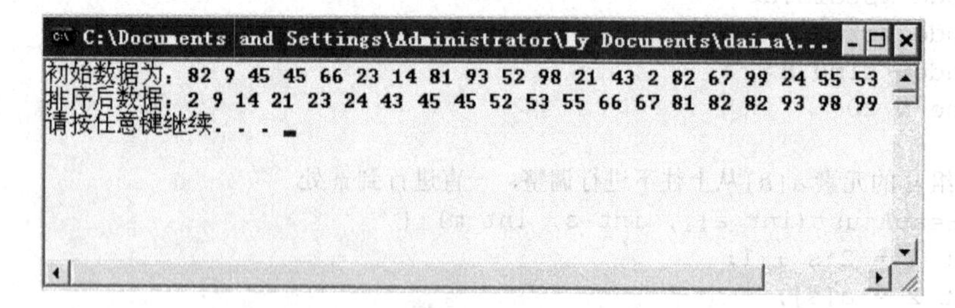

图 7.5　堆排序

第8章

查　找

本章要点

(1) 查找的概念。

(2) 查找算法的思想。

(3) 查找算法的性能分析。

学习目标

(1) 掌握顺序查找、折半查找、索引查找、哈希查找的基本思想。

(2) 掌握各种查找方法的思想和特点，分析查找算法的平均查找长度。

(3) 能根据不同的情况灵活选择并应用。

(4) 能够图示顺序查找、折半查找、哈希查找方法的过程。

(5) 掌握简单查找的数据结构以及算法的描述。

基本知识点

查找是人们在日常生活中经常进行的一项工作。随着计算机技术的广泛普及，几乎在所有的计算机应用系统中都设计了“查找”模块来实现各种各样的查找需求。因此，也可以说，查找是为了得到某个信息而进行的一种“工作”或“操作”。

对于不同方式组织起来的查找结构，相应的查找方法也不相同。反过来，为了提高查找速度，又往往采用某些特殊的组织方式来组织需要查找的信息。对于大量的数据，特别是在外存中的数据，一般都是按物理块进行存取。执行内外存交换过多，将严重影响查找速度。为确保查找的效率，需要采用散列或索引技术。

为度量一个查找算法的性能，需要从时间和空间两方面进行权衡。

衡量一个查找算法的时间效率的标准是：在查找过程中的平均比较次数，这个标准也称为平均查找长度(ASL)。

实验1 折半查找

1. 实验目的

(1) 掌握折半查找算法的基本思想和实现方法。

(2) 验证折半查找的平均查找长度。

2. 实验内容

(1) 设计待查找数据，采用顺序存储结构。

(2) 先做排序，待查找数据结构按关键字大小有序排列，设计折半查找算法。

(3) 检验一下平均查找长度和查找所用的时间。

3. 实现提示

用折半查法查找到待查找的元素。先从中间开始比较，比较一次至少抛弃一半元素，逐渐缩小范围，直到查找成功或失败。

(1) 先用待查元素与中点元素 a[mid]比较，如果相等，则查找成功。如果要找的元素值小于该中点元素，则将待查序列缩小为左半部分(high=mid−1)，否则为右半部分(low=mid+1)。通过一次比较，将查找区间缩小一半。

(2) 继续用上面的方法来查找中点元素，每次将查找区间缩小为剩余的一半，直至查找成功，或 low>high 为止。

4．程序实现

程序完整的实现代码如下：

```
#include <stdio.h>
#include <stdlib.h>
#include <time.h>
#define N 20

//直接选择排序
void SelectSort(int a[], int n) {
    int i, j, k, m;
    for (i=0; i<n-1; i++) {
        m = a[i];
        k = i;
        for (j=i+1; j<n; j++)
            if (a[j] < m) {
                m=a[j]; k=j;
        }
        a[k] = a[i];
        a[i] = m;
    }
}

//折半查找
int BinarySearch(int a[], int n, int x) {
    int low = 0, high = n - 1, mid;
    while (low <= high) {
        mid = (low+high)/2;
        if (a[mid] == x)
            return mid;
        else if (x < a[mid])
            high = mid - 1;
        else
            low = mid + 1;
    }
    return -1;
}

//折半查找的递归方法
int BSearch(int a[], int low, int high, int x) {
    if (low > high) return -1;          //查找失败
    int mid = (low + high) / 2;         //折半
    if (a[mid] == x)
```

```
        return mid;          // 找到
    else if (x < a[mid])
        return BSearch(a, low, mid-1, x);
    else
        return BSearch(a, mid+1, high, x);
}

int BinarySearch2(int a[], int n, int x) {
    BSearch(a, 0, n-1, x);
}

int main() {
    int a[N];
    srand(time(0));

    for (int i=0; i<N; i++)
        a[i] = rand() % 100;

    SelectSort(a, N);
    printf("排序后数据为: ");
    for (int i=0; i<N; i++) printf("%d ", a[i]);
    printf("\n");
    printf("请输入要查找的元素的值，查找结束按 Ctrl+Z。\n");

    int x;
    while(~scanf("%d", &x)) {
        int t = BinarySearch(a, N, x);
        //int t = BinarySearch2(a, N, x);
        if(t == -1)
            printf("没有你要找的数据!\n");
        else
            printf("你要找的数据在第%d 的位置\n", t+1);
    }
}
```

5. 运行程序

运行程序后，将会显示如图 8.1 所示的界面。

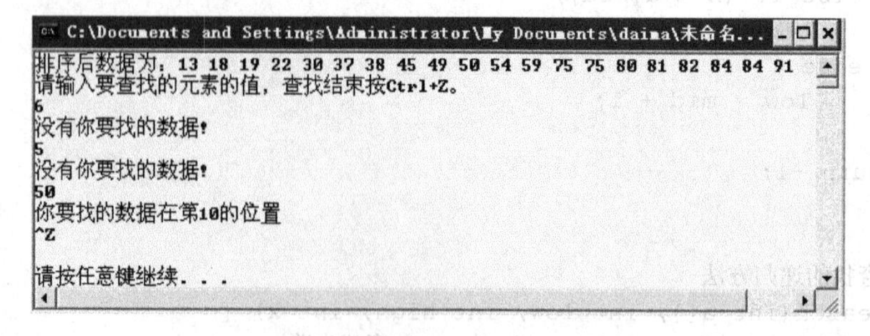

图 8.1　折半查找的程序运行界面

实验2　二叉排序树查找

1．实验目的

(1)　掌握二叉排序树的创建。
(2)　掌握二叉排序树查找算法的基本思想和实现方法。
(3)　验证二叉排序树查找的平均查找长度。

2．实验内容

(1)　按关键字先建立二叉排序树。
(2)　设计查找算法。
(3)　分析查找的平均查找长度。

3．实现提示

二叉排序树或为空树，或者是这样一棵二叉树——若左子树不空，则左子树上的所有节点的值均小于根节点的值，若右子树不空，则右子树上所有节点的值均大于根节点的值，其左、右子树也是二叉排序树。

二叉排序树的创建，就是不断地插入元素key的过程，插入算法的过程如下。

(1)　若二叉树为空，则生成一个节点存放key的值，并将该节点的左右子树置为NULL，该节点作为根节点，算法结束；否则转入下一步。

(2)　先把待插入查找元素与根节点的值比较，若相等，则找到，结束。否则，若小于根节点的值，在左孩子为根的二叉树上找插入的位置，转入上一步；若大于根节点的值，在右孩子为根的二叉树上找插入的位置，转入上一步；若等于根节点的值，则提示该元素已经在二叉排序树上，不要再插入。

所谓在二叉排序树上查找，就是一个从根开始，沿某一个分支逐层向下进行比较判断等的过程。

4．程序实现

程序完整的实现代码如下：

```
#include <stdio.h>
#include <stdlib.h>

//二叉查找树节点描述
typedef int DataType;
typedef struct Node {
    DataType key;               //关键字
    struct Node *left;          //左孩子指针
    struct Node *right;         //右孩子指针
    struct Node *parent;        //指向父节点指针
} Node, *PNode;

//采用插入法创建一棵二叉查找树
```

```
void insert(PNode *root, DataType key) {
   //初始化插入节点
   PNode p = (PNode)malloc(sizeof(Node));
   p->key = key;
   p->left = p->right = p->parent = NULL;
   //空树时，直接作为根节点
   if ((*root) == NULL) {
      *root = p;
      return;
   }
   //插入到当前节点(*root)的左孩子
   if((*root)->left==NULL && (*root)->key>key) {
      p->parent = (*root);
      (*root)->left = p;
      return;
   }
   //插入到当前节点(*root)的右孩子
   if((*root)->right==NULL && (*root)->key<key) {
      p->parent = (*root);
      (*root)->right = p;
      return;
   }
   if((*root)->key > key)
      insert(&(*root)->left, key);
   else if((*root)->key < key)
      insert(&(*root)->right, key);
   else
      return;
}

void create(PNode *root, DataType *keyArray, int length) {
   int i;
   //逐个节点插入二叉树中
   for (i=0; i<length; i++)
      insert(root, keyArray[i]);
}

//查找元素
PNode search(PNode root, DataType key) {
   if(root == NULL)
      return NULL;
   if(key > root->key) //查找右子树
      return search(root->right, key);
   else if(key < root->key)  //查找左子树
      return search(root->left, key);
   else
      return root;
}

int main() {
```

```
    PNode root = NULL;
    DataType nodeArray[11] = { 15,6,18,3,7,17,20,2,4,13,9 };
    printf("待查找数据为：\n");
    for(int i=0; i<11; i++)
        printf("%4d", nodeArray[i]);
    create(&root, nodeArray, 11);
    printf("\n 请输入要查找的元素的值：");

    DataType locate;
    scanf("%d", &locate);
    if(search(root,locate) != NULL)
        printf("这些数中有你要查找的数%d\n", search(root,locate)->key);
    else
        printf("这些数中没有你要查找的数\n");
}
```

5．运行程序

运行程序后，将会显示如图 8.2 所示的界面。

图 8.2　二叉排序树的查找

实验 3　哈 希 查 找

1．实验目的

(1) 掌握如何通过哈希函数构建哈希表。
(2) 了解哈希函数的选择方法及冲突解决的常用方法。
(3) 能根据关键码，用同样的哈希函数和冲突处理方法来进行查找。

2．实验内容

(1) 设计哈希表的存储结构。
(2) 设计哈希函数和冲突处理方法。
(3) 设计查找算法。
(4) 输入：对输入的数据序列，按哈希函数和线性处理冲突的方案建立哈希表。
(5) 输出：若查找成功，输出位置信息；若查找失败，给出提示。
(6) 分析查找的平均查找长度。

3. 实现提示

哈希表也称散列表，是查找结构的另一种有效方法，它提供了一种完全不同的存储和查找方式。通过将关键码映射到表中某个位置上来存储元素，然后根据关键码，用同样的方式直接访问。

(1) 查找算法：理想的查找方法是可以不经过任何比较，一次直接从字典中得到要查找的元素，在元素的存储位置与它的关键码之间建立一个确定的对应函数关系 Hash()，使得每个关键码与结构中的唯一的存储位置相对应。

(2) 在算法中查找表：使用数组存放。

(3) 在算法中采用的 Hash 函数为“Hash(key) = key mod p”。

(4) 在算法中采用的冲突解决方法为：线性探测。

4. 程序实现

程序完整的实现代码如下：

```
#include <iostream>
#include <stdio.h>
#include <stdlib.h>
#define HASHSIZE 12
#define NULLKEY 0xffffffff/2

typedef int DataType;
typedef struct HashTable {
   int *elem;
   int count;
};

//初始化哈希表
int InitHashTable(HashTable &pHashTable) {
   pHashTable.count = 0;
   pHashTable.elem = new int[HASHSIZE];
   for (int i=0; i<HASHSIZE; ++i)
      pHashTable.elem[i] = NULLKEY;
   return 1;
}

//哈希函数
int Hash(int key) {
   return key % HASHSIZE;    //除留取余法
}

//插入关键字到哈希表
int InsertHashTable(HashTable &pHashTable, int key) {
   int addr = Hash(key);     //求哈希地址
   while (pHashTable.elem[addr] != NULLKEY) //不为空，则冲突了
      addr = (addr+1) % HASHSIZE;  //开放定址法：线性探测
   pHashTable.elem[addr] = key;
   pHashTable.count++;
```

```
    return 1;
}

//在哈希表中查找关键字记录
int SearchHashTable(HashTable& pHashTable, int key, int *addr) {
    *addr = Hash(key);
    while (pHashTable.elem[*addr] != key) {
        *addr = (*addr+1) % HASHSIZE; //开放定址法：线性探测
        if (pHashTable.elem[*addr]==NULLKEY || *addr==Hash(key))
            return 0;
    }
    return 1;
}

int main() {
    HashTable HashTable;
    InitHashTable(HashTable);
    int a[10] = { 4, 5, 6, 4, 8, 14, 10, 23, 12, 16 };
    for (int i=0; i<10; ++i) {
        InsertHashTable(HashTable, a[i]);
    }
    printf("待查找数据为：\n");
    for (int i=0; i<10; i++) {
        printf("%4d", a[i]);
    }
    printf("\n 请输入要查找的元素的值：");

    DataType locate;
    scanf("%d", &locate);
    int addr;
    if (!SearchHashTable(HashTable, locate, &addr))
        printf("这些数中没有你要查找的数\n");
    else
        printf("这些数中有你要查找的数,元素索引位置为:%d", addr);
}
```

5. 运行程序

运行程序后，将会显示如图 8.3 所示的界面。

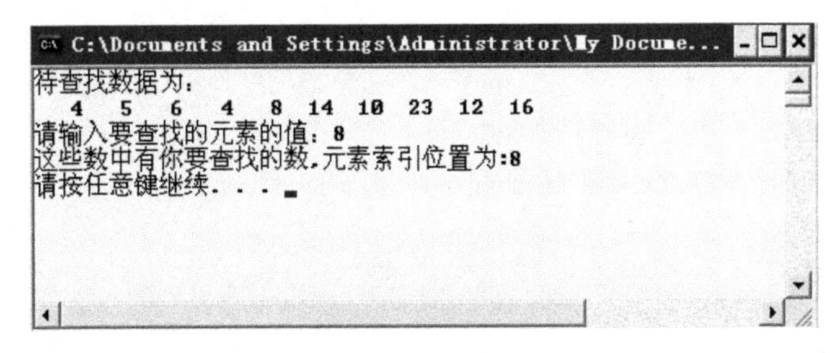

图 8.3　使用哈希查找

```
    return 1;
}

//在哈希表中查找关键字记录
int SearchHashTable(HashTable& pHashTable, int key, int *addr) {
    *addr = Hash(key);
    while (pHashTable.elem[*addr] != key) {
        *addr = (*addr+1) % HASHSIZE;   //开放定址法，线性探测
        if (pHashTable.elem[*addr]==NULLKEY || *addr==Hash(key))
            return 0;
    }
    return 1;
}

int main() {
    HashTable hashTable;
    InitHashTable(hashTable);
    int a[10] = { 4, 5, 6, 4, 8, 14, 18, 23, 12, 16 };
    for (int i=0; i<10; ++i) {
        InsertHashTable(hashTable, a[i]);
    }
    printf("待查找数据为：\n");
    for (int i=0; i<10; i++) {
        printf("%4d", a[i]);
    }
    printf("\n请输入要查找的元素的值：");

    DataType locate;
    scanf("%d", &locate);
    int addr;
    if (!SearchHashTable(hashTable, locate, &addr))
        printf("这些数中没有你要查找的数\n");
    else
        printf("这些数中有你要查找的数，元素索引位置为:%d", addr);
}
```

5. 运行程序

运行程序后，将会显示如图8.3所示的界面。

```
查找数据为：
   4   5   6   4   8  14  18  23  12  16
请输入要查找的元素的值：6
这些数中有你要查找的数，元素索引位置为:8
请按任意键继续. . .
```

图8.3 使用哈希查找

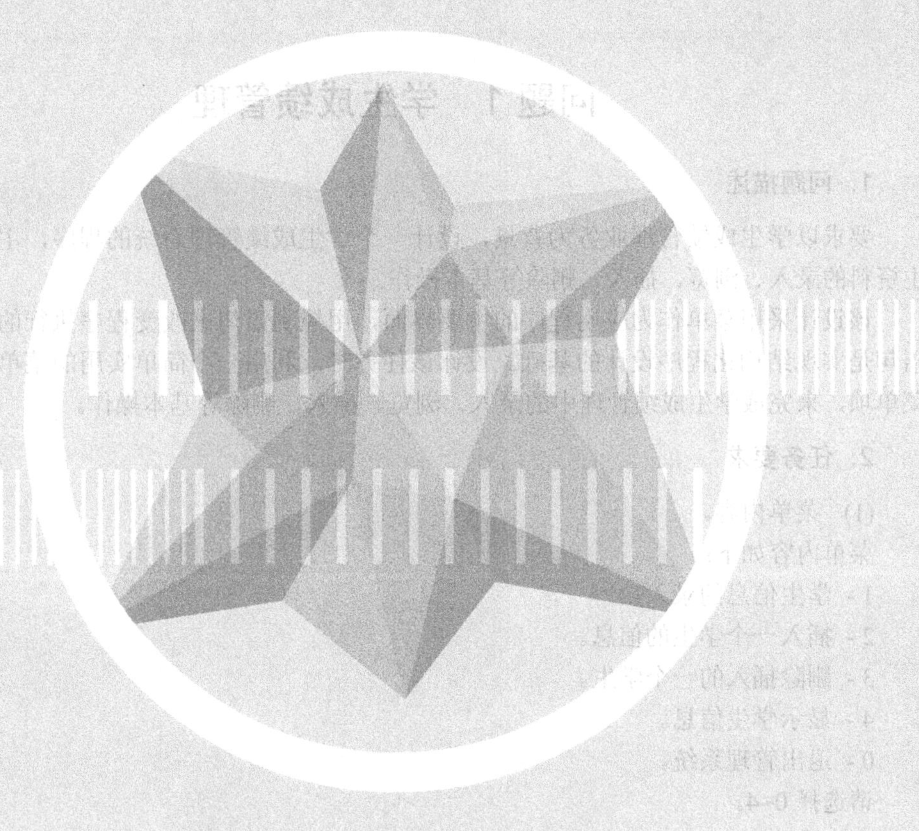

第9章

课程设计

问题 1　学生成绩管理

1. 问题描述

要求以学生成绩管理业务为背景，设计一个学生成绩管理系统的程序，主要完成对学生资料的录入、浏览、插入、删除等基本操作。

该设计采用菜单作为应用程序的主要界面，用控制语句来改变程序执行的顺序。控制语句是实现结构化程序设计的基础。设计该任务时，利用一个简单实用的菜单，通过选择菜单项，来完成学生成绩管理中的录入、浏览、插入、删除等基本操作。

2. 任务要求

(1) 菜单内容。

菜单内容如下：

1 - 学生信息的录入。

2 - 插入一个学生的信息。

3 - 删除插入的一个学生。

4 - 显示学生信息。

0 - 退出管理系统。

请选择 0~4。

(2) 设计要求。

使用 0~4 来选择菜单项，其他输入则不起作用。

使用记录的形式来存储学生的成绩。每个学生记录所包含的信息有：学号、各门课程的成绩。

(3) 功能函数设计。

针对这几个不同的功能，以一定的算法来实现编程题，目的是练习利用链表结构来解决实际应用问题的能力，进一步理解和熟悉线性表的链式存储结构。

学生成绩管理系统使用链表基本数据结构，节点类型如下：

```
typedef struct node
{
    char num[110];
    int shuxue;
    int yingyu;
    int yuwen;
    int wuli;
    int huaxue;
    struct node *next;
} LinkList;
```

主要的功能函数如下。

① void CreatLinkList(LinkList *head, int *n)：建立链表。

② void InsertStu(LinkList *head, char num[], int *n)：插入学生。

③　int DeleStu(LinkList *head , char num[], int *n)：删除学生。

④　void DisplayStu(LinkList *head)：浏览学生链表。

3．程序实现

相应的定义代码如下：

```
#include "consts.h"

typedef struct node
{
    char num[110];
    int shuxue;
    int yingyu;
    int yuwen;
    int wuli;
    int huaxue;
    struct node *next;
} LinkList;

void CreatLinkList(LinkList *head, int *n)                    //建立链表
{
    char num[110];
    int scor, scor1, scor2, scor3, scor4;
    int i = 1;
    LinkList *p = head;
    LinkList *s;
    printf("请输入学生的学号，输入 0 结束输入:\n");
    scanf("%s", &num);
    while(1)
    {
        if(strcmp(num,"0") == 0)
            break;
        s = (LinkList*)malloc(sizeof(LinkList));
        strcpy(s->num, num);
        printf("请输入数学的成绩:\n");
        scanf("%d", &scor);
        s->shuxue = scor;
        printf("请输入英语的成绩:\n");
        scanf("%d", &scor1);
        s->yingyu = scor1;
        printf("请输入语文的成绩:\n");
        scanf("%d", &scor2);
        s->yuwen = scor2;
        printf("请输入物理的成绩:\n");
        scanf("%d", &scor3);
        s->wuli = scor3;
        printf("请输入化学的成绩:\n");
        scanf("%d", &scor4);
        s->huaxue = scor4;
        p->next = s;
```

```
        p = s;
        s->next = NULL;
        *n = *n + 1;
        printf("请输入学生的学号，输入 0 结束输入:\n");
        scanf("%s", &num);
    }
}

void InsertStu(LinkList *head, char num[], int *n)  //插入学生
{
    LinkList *p;
    LinkList *s;
    int scor, scor1, scor2, scor3, scor4;
    int flag = 0;
    printf("请输入数学的成绩:\n");
    scanf("%d", &scor);
    printf("请输入英语的成绩:\n");
    scanf("%d", &scor1);
    printf("请输入语文的成绩:\n");
    scanf("%d", &scor2);
    printf("请输入物理的成绩:\n");
    scanf("%d", &scor3);
    printf("请输入化学的成绩:\n");
    scanf("%d", &scor4);
    p = head;
    while(p->next != NULL)
    {
        if(strcmp(p->next->num,num) == 0)
        {
            flag = 1;
            break;
        }
        p = p->next;
    }
    if(flag == 1)
    {
        p->next->shuxue = scor;
        p->next->yingyu = scor1;
        p->next->yuwen = scor2;
        p->next->wuli = scor3;
        p->next->huaxue = scor4;
    }
    else
    {
        s = (LinkList*)malloc(sizeof(LinkList));
        strcpy(s->num, num);
        s->shuxue = scor;
        s->yingyu = scor1;
        s->yuwen = scor2;
        s->wuli = scor3;
```

```
        s->huaxue = scor4;
        p->next = s;
        p = s;
        s->next = NULL;
        *n = *n+1;
    }
}

int DeleStu(LinkList *head, char num[], int *n)  //删除学生
{
    LinkList *p = head;
    LinkList *s;
    if(p->next == NULL)
    {
        printf("学生表中没有任何的学生记录\n");
        return ERROR;
    }
    else
    {
        while(p != NULL)
        {
            s = p->next;
            if(s != NULL)
            {
                if(strcmp(s->num,num) == 0)
                {
                    p->next = s->next;
                    *n = *n-1;
                    break;
                }
            }
            p = p->next;
        }
        printf("学生表中没有该学生记录\n");
        return ERROR;
    }
}

void DisplayStu(LinkList *head)      //浏览学生链表
{
    LinkList *h = head->next;
    printf("学号     数学     英语     语文     物理     化学\n");
    while(h != NULL)
    {
        printf("%s\t%d\t%d\t%d\t%d\t%d\n",
          h->num, h->shuxue, h->yingyu, h->yuwen, h->wuli, h->huaxue);
        h = h->next;
    }
}
```

4．运行结果

程序运行结果如图 9.1 所示。

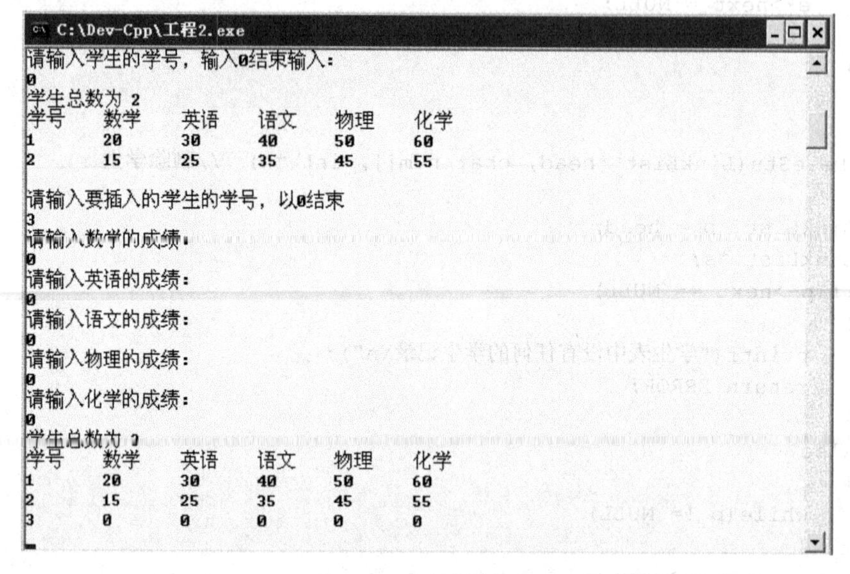

图 9.1　学生成绩管理

问题 2　数据库管理系统

1．问题描述

随着计算机技术的飞速发展，信息管理应用日益扩大，很多领域都使用数据库。

科学地管理和处理数据，可以给各个领域带来很大的方便。通过建立数据库，可以提高工作效率。本设计利用 C 语言的知识建立一个数据库管理系统，能自己定义、创建和控制数据库。

该设计采用菜单作为应用程序的主要界面，用控制语句来改变程序执行的顺序。控制语句是实现结构化程序设计的基础。该设计的任务，是利用一个简单实用的菜单，通过选择菜单命令，实现用户能够自己定义数据库、创建数据库和控制数据库。

2．任务要求

(1) 提示。

① 创建数据库命令的语法格式：create databasename。

② 追加字段的命令：append。

③ 浏览数据库中所有字段的命令：brows。

④ go 命令的语法格式：go number(如 go 1)。用 disp 浏览定位的字段。

⑤ 条件定位命令的语法格式：locate for 字段名 =“字段内容”;。

⑥ 按条件删除命令的语法格式：delete for 字段名 =“字段内容”;。

⑦ 全部删除命令的语法格式：zap;。

⑧ 按条件修改命令：change for 字段名 =“字段内容”;。
⑨ 按条件排序命令。升序：sort on 字段名[/a];; 降序：sort on 字段名/d;。
⑩ 打开帮助文档命令：help。

(2) 设计要求。

能够将数据库信息存入指定的文件以及打开并使用已经存在的数据库文件，但库结构定义后不能修改。要求以类似 FoxBase 命令提示符的形式，提示用户指定命令，进行数据库相关的操作。

(3) 功能函数的设计。

本设计的目的，是练习利用单链表结构来解决实际应用问题的能力，进一步理解和熟悉线性表的链式存储结构。

3. 分析与实现

(1) 显示帮助界面的函数：

```
void HelpDbms();
```

输出“DBMS 命令一览表”，帮助用户正确使用命令。

(2) 创建数据库的函数模块：

```
void CreateDbmsStruct(DbmsLinklist *database[], int *length);
```

首先，为数据库分配内存，输入第 0 个字段为“编号”，以后，每追加一条数据，都自动对其进行编号，方便之后进行定位、删除等操作。编写一个 while 无限循环，引导用户定义字段，包括输入字段名和定义字段类型，直至输入“$”结束，跳出循环。字段类型可为 string、int、double。用户每输入一个字段类型，程序都将调转执行到 loop，也是一个无限的 while 循环，判断字段类型是否规范。规范的字段类型包括 string、int、double。所有字段定义结束后，输出定义的全部字段及其类型，方便用户使用。

(3) 打开数据库的函数模块：

```
void OpenDbms(char app[],int *com, int *len, char bian[], char fabian[]);
```

以读写模式打开已经存在的文件，将其中的数据读到数组 ch 中，然后将获得的数据按行存入二维数组 wj 中。其中，以空格为字段值的分隔符，以回车为行的分隔符。

(4) 追加数据的函数模块：

```
void AppendDbms(char bian[], int fanlen, char fabian[], int bianlen,
  int *com, int *len);
```

首先为追加的数据自动生成编号：若数据库中已存在记录，则追加的数据标号为其上一个数据的编号+1。因此，先取出上一条数据的编号(字符型)，将其转化成 int 型，然后+1，即为追加的数据的编号，再将其转化成字符型，存入数据库。若数据库中没有数据，则追加数据编号为 1，存入数据库。其次，编辑 for 循环，引导用户输入对应字段的数据信息，将其存入数据库，追加数据操作完成。

(5) 浏览数据库的函数模块：

```
void DisplayDbms(char mem[], int *com, int *len);  /*浏览写进数组中的数据*/
```

此模块的功能为：格式输出数据库中的数据，起到浏览数据作用。首先编写嵌套 for 循环，记录每个字段值中最长的字段的长度 maxlen。然后，再用嵌套 for 循环输出数据库中的数据，按照最长的字段格式输出，不足的字段以空格补充，使得浏览输出的数据整齐、清晰。

(6) 浏览定位的函数模块：

```
void DispGo(int go, int *com, int *len);    /*DispGo 函数*/
```

DispGo 函数用于浏览定位的数据，go 为浏览定位编号。浏览数据时，首先记录最长字段的长度，以便调整输出格式。然后，以调整好的格式输出第一行，也就是输出数据库的字段名。最后，格式输出指定的编号为 go 的一行数据。

(7) 按条件删除的函数模块：

```
void DeleteDbms(char mem[], int *com, int *len);
```

删除的命令格式为：delete for 字段名 = “字段内容”。先将命令的第二个字符串存入 link，对比是否为 for，若不是，提示命令错误；若为 for，再用 for 循环将“字段名 = “字段内容”” 存入数组 value，遍历该数组，通过比对“=”，取出“=”号前面的字段名，存入数组 zd。类似地，对比双引号“”，取出两个双引号之间的字符串，即为字段内容，存入数组 lx，若没有“”，同样提示命令错误。在数据库中，查找匹配 zd 的字符串，若不存在，提示数据库没有该字段；若存在，定位这个字段，将这个字段下所有的值与 lx 对比。若存在 lx，依次将它后面的数据前移，覆盖掉需要删除的字段，实现删除功能。

(8) 按条件定位模块：

```
void LocateDbms();
```

Locate 的命令格式为：locate for 字段名 = “字段内容”。先用 link1 数组接受“for”字符串，然后判断 link 数组中接受的字符串是否为“for”，如果不是 for，就输出语法错误，用 loop 命令跳到函数末尾；如果是“for”，则用 value1 接受输入的条件字符串。然后用 zd1 接受 value1 中 “=” 号以前的字符，如果没有 “=” ，则输出语法错误，跳到函数末尾。

用 lx1 数组接受双引号之间的字符，如果没有出现双引号，则输出语法错误，用 loop 命令跳到函数末尾，否则，在 wj 数组中符合 zd1 的那一列中匹配与 lx1 数组中内容相符的那一行。然后用 disp 进行浏览，用 continue 命令查找符合条件的下一行，再用 disp 进行浏览。如果 wj 中没有符合条件的字段，则输出 “数据库没有符合该条件的字段” 。

(9) 按条件修改数据的函数模块：

```
void ChangeDbms(char mem[], int *com, int *len);
```

用相同的方法，取出需要修改的字段名和字段值。将得到的字段名与数据库里的字段名对比，若不一致，则显示命令错误。之后，将需要修改的数据的值与数据库中该字段的所有数据对比，若存在，提示用户根据字段依次输入新的数据；若不存在，显示没有符合该条件的字段。

(10) 按字段排序的函数模块：

```
void PxDbms(char ziduan[], char ch, int *com, int *len);
```

用相同的方法，取得需要排序的字段的字段名，然后判断字段名之后的那个字符是否为@、a、A、d、D 其中的一个(a 表示升序，d 表示降序，不区分大小写，默认排序为升序)，若不是，提示命令错误；若是，调用 Px_Dbms()函数按冒泡排序思想进行排序操作。

(11) 关闭数据库的函数模块：

```
void CloseDbms(char secondinput[], int *com, int *len, char mem[],
  char bian[]);
```

4．程序实现

程序完整的实现代码如下：

```
void Switch(char bian[], int num)   //把数字转化为字符数组
{
    int l = 0;
    int n = num;
    while(1)                         //把数转化为相应的字符串并存放到bian 数组中
    {
        if(n==0) break;
        n = num % 10;
        bian[l] = n + 48;
        l++;
        n = n / 10;
    }
}
void HelpDbms()
{
    printf("                    *DBMS 命令一览表*\n");
    printf(" 1,创建数据库命令语法格式->creat databasename \n");
    printf(" 2,追加字段的命令->append *\n");
    printf(" 3,浏览数据库中所有字段命令->brows *\n");
    printf(" 4,go 命令语法格式-> go number (eg:go 1) 用 disp 浏览定位的字段\n");
    printf(" 5,条件定位命令语法格式-> locate for 字段名=\"字段内容\" \n");
    printf(" 6,按条件删除命令语法格式-> delete for 字段名=\"字段内容\" \n");
    printf(" 7,全部删除命令-> zap *\n");
    printf(" 8,按条件修改命令-> change for 字段名=\"字段内容\" \n");
    printf(
      " 9,按条件排序命令->升序:sort on 字段名[/a] 降序:sort on 字段名/d \n");
    printf(" 10,打开帮助文档命令->help *\n");
}
void CreateDbmsStruct(DbmsLinklist *database[], int *length)
  /*建立数据库类型*/
{
    char ch[110], type[110], tou[]="编号 \0"; /*建立库结构时自动建立编号字段*/
    int len, i;
    database[0] = (DbmsLinklist*)malloc(sizeof(DbmsLinklist));
    strcpy(database[0]->data, tou); /*建立编号字段*/
    strcpy(database[0]->type, "char"); /*建立库结构*/
    printf(".请输入字段 %d 的名称 以'$'结束输入\n", *length);
    printf(".");
```

```
    scanf("%s", ch);
    printf(".请输入字段 %d 的类型(string, int, double) \n", *length);
    scanf("%s", type);
loop:
    while(1)
    {
        if(strcmp(type,"string")==0 || strcmp(type,"int")==0
          || strcmp(type,"double")==0)    /*判断结构类型*/
            break;
        else
        {
            printf("您输入的类型非法! 请重新输入\n");
            printf(".请输入字段%d 的类型(string, int, double) \n", *length);
            scanf("%s", type);
        }
    }
    while(1)        /*循环输入库结构类型, 以“$”结束输入*/
    {
        if(strcmp(ch,"$ ") ==0 ) break;
        len = strlen(ch);
        ch[len] = ' ';
        ch[len+1] = '\0';
        database[*length] = (DbmsLinklist*)malloc(sizeof(DbmsLinklist));
        strcpy(database[*length]->data, ch);
        strcpy(database[*length]->type, type);
        *length = *length + 1;
        printf(".请输入字段 %d 的名称 以'$'结束输入\n", *length);
        printf(".");
        scanf("%s", ch);
        if(strcmp(ch,"$") == 0) break;
        printf(".请输入字段 %d 的类型(string, int, double) \n", *length);
        scanf("%s", type);
        goto loop;    /*如果输入的类型不匹配, 则跳转到 loop*/
    }
    for(i=0; i<*length; i++)
        printf("%s(%s)  ", database[i]->data, database[i]->type);
          /*输入结束时, 输出数据库字段和类型*/
}
void OpenDbms(char app[], int *com, int *len, char bian[], char fabian[])
{    /*打开数据库文件并且将文件中的数据存入结构体二维数组中*/
    FILE *fp;
    char ch;
    char mem[110];
    int lie = 0;
    memset(bian, '\0', sizeof(bian));    /*开始字符型数组的初始化*/
    memset(mem, '\0', sizeof(mem)); /*开始字符型数组的初始化*/
    memset(fabian, '\0', sizeof(fabian));    /*开始字符型数组的初始化*/
    fp = fopen(app, "r+");  /*打开相应的数据库文件*/
    ch = fgetc(fp); /*获得文件中的每一个字符, 一直到文件末尾*/
    while(ch != EOF)/*把获取的字符按行存入 wj 数组中*/
```

```
    {
        if(ch == ' ')            /*如果遇到空格，就把 mem 复制到 wj 的一个单元中*/
        {
            strcpy(wj[*len][*com].data, mem);
            *com = *com + 1;
            /*把 mem 复制到 wj 的一行后初始化 mem 数组*/
            memset(mem, '\0', sizeof(mem));
            lie = 0;
        }
        else if(ch == '\n')      /*如果遇见回车，则结束 wj 的一行，开始存储下一行*/
        {
            *len = *len + 1;
            *com = 0;  /*列恢复 0*/
        }
        else
        {
            mem[lie] = ch;       /*把在数据库文件中读出的一行存放在 mem 数组中*/
            lie++;
        }
        ch = fgetc(fp);          /*获取文件的下一个字符*/
    }
    *len = *len + 1;             /*每存完一行，行数自加*/
}
void AppendDbms(char bian[], int fanlen, char fabian[], int bianlen,
  int *com, int *len)        /*追加记录*/
{
    int i, j, k=1, sum=0;
    memset(bian, '\0', sizeof(bian));
    if(*len > 1)                 /*自动生成编号的值*/
    {
        j = strlen(wj[*len-1][0].data);
        for(i=j-1; i>=0; i--)     /*将数据库最后一条记录的编号值转化为整型*/
        {
            sum = sum + (wj[*len-1][0].data[i]-'0')*k;
            k *= 10;
        }
        sum++;    /*追加记录的编号为其最后一条记录的编号加 1*/
        Switch(bian, sum);
    }
    else
        Switch(bian, 1);     /*将其编号的值转化为相对应的字符串*/
    fanlen = 0;
    memset(fabian, '\0', sizeof(fabian));
    bianlen = strlen(bian);
    for(i=bianlen-1; i>=0; i--)
        fabian[fanlen++] = bian[i];
        /*因为转化的字符串为该编号的逆序，所以将其反向存贮*/
    fabian[fanlen] = '\0';
    strcpy(wj[*len][0].data, fabian);
    for(i=1; i<*com; i++)     /*分别追加各条记录的值*/
```

```
    {
        printf("请输入: %s ", wj[0][i].data);
        scanf("%s", wj[*len][i].data);
    }
    *len = *len + 1;      /*追加成功后，行数自加1*/
    printf("该数据添加成功! \n");
}
void DisplayDbms(char mem[], int *com, int *len)    /*浏览写进数组中的数据*/
{
    int i, j, k, flen, maxlen=-1;
    memset(mem, '\0', sizeof(mem));
    for(i=0; i<*len; i++)       /*记录每个字段值中最大的限度，以便调整输出的格式*/
        for(j=0; j<*com; j++)
        {
            flen = strlen(wj[i][j].data);
            if(flen > maxlen)
                maxlen = flen;
        }
    for(i=0; i<*len; i++)       /*输出wj中所有的字段内容*/
    {
        for(k=0; k<maxlen*(*com); k++)
            printf("*");
        printf("\n");
        for(j=0; j<*com; j++)
        {
            printf("%s", wj[i][j].data);
            for(k=strlen(wj[i][j].data); k<=maxlen; k++)
                printf(" ");
        }
        printf("\n");
    }
    for(k=0; k<maxlen*(*com); k++)
        printf("*");
    printf("\n");
}
void DispGo(int go, int *com, int *len)    /*DispGo函数*/
{
    int i, j, k, maxlen=-1, flen;
    for(i=0; i<*len; i++)    /*记录每个字段值中最大的限度，以便调整输出的格式*/
        for(j=0; j<*com; j++)
        {
            flen = strlen(wj[i][j].data);
            if(flen > maxlen)
                maxlen = flen;
        }
    for(k=0; k<maxlen*(*com); k++)
        printf("*");
    printf("\n");
    for(i=0; i<*com; i++)    /*输出wj第一行，也就是数据库类型行*/
    {
```

```
        printf("%s", wj[0][i].data);
        for(k=strlen(wj[0][i].data); k<maxlen; k++)
            printf(" ");
    }
    printf("\n");
    for(k=0; k<maxlen*(*com); k++)
        printf("*");
    printf("\n");
    for(j=0; j<*com; j++)        /*格式化输出 go 所指的字段值*/
    {
        printf("%s", wj[go][j].data);
        for(k=strlen(wj[go][j].data); k<=maxlen; k++)
            printf(" ");
    }
    printf("\n");
    for(k=0; k<maxlen*(*com); k++)  /*输出格式化*/
        printf("*");
    printf("\n");
}
void DeleteDbms(char mem[], int *com, int *len)     /*删除函数*/
{
    char link[110],value[110],zd[110],lx[110];
      /*接收输入的 for 命令，value 为接收所要删除的字段*/
      /*的名称和内容 zd 数组为接收要查找的字段，lx 为要查找字段的内容*/
    int lxlen=0, vlen, start=-1, end=-1, i, j, flag1=0,
     linklen, jilu=-1, dingwei=-1, zdlen=0;
    scanf("%s", link);   /*接收输入的 for*/
    scanf("%s", value); /*接收输入的 for 后面的字符串*/
    vlen = strlen(value);
    linklen = strlen(link);
    link[linklen] = ' ';
    link[linklen+1] = '\0';
    memset(mem, '\0', sizeof(mem));
    memset(zd, '\0', sizeof(zd));
    memset(lx, '\0', sizeof(lx));
    for(i=0; i<vlen; i++)     /*获取要查找的字段名称*/
    {
        if(value[i] == '=')
            break;
        zd[zdlen++] = value[i];
    }
    zd[zdlen] = '\0';
    if(strcmp(link,"for ") != 0)
    {
        printf("您输入的命令有语法错误！\n");
        goto loop;
    }
    for(i=0; i<vlen; i++)
    {
        if(value[i]==34 && flag1==0)       /*遇见第一个双引号记录下标*/
```

```
        {
            start = i;
            flag1 = 1;
        }
        else if(value[i]==34 && flag1==1)
        {
            end = i;  /*遇见最后一个双引号记录下标并退出*/
            break;
        }
    }
    if(start==-1 || end==-1)      /*如果没有遇见一对引号，说明输入的语法错误*/
    {
        printf("您输入的命令语法有错误！\n");
        goto loop;
    }
    for(i=start+1; i<end; i++)  /*把双引号之间的字符存入到 lx 中*/
    {
        lx[lxlen++] = value[i];
    }
    lx[lxlen] = '\0';
    for(i=0; i<*com; i++)     /*在 wj 中匹配 zd，如果匹配成功，记录其列坐标*/
        if(strcmp(wj[0][i].data,zd) == 0)
            jilu = i;
    if(jilu == -1)
    {
        printf("数据库没有该字段的值!\n");
        goto loop;
    }
    for(i=0; i<*len; i++)     /*如果匹配到该行，则 dingwei 变量定位到该行*/
    {
        if(strcmp(wj[i][jilu].data,lx) == 0)
        {
            dingwei = i;
            break;
        }
    }
    if(dingwei == -1)
    {
        printf("数据库中没有符合该条件的字段！\n");
        goto loop;
    }
    for(i=dingwei; i<*len-1; i++)    /*删除其匹配成功的字段*/
        for(j=0; j<*com; j++)
            strcpy(wj[i][j].data, wj[i+1][j].data);
              /*删除该行后，后面所有的行向上移动一行*/
    *len = *len-1;   /*删除后总行数减 1*/
    printf("删除成功！\n");
loop:
    ;
}
```

```
void LocateDbms()
{
    int zdlen = 0;
    int lxlen = 0;
    int vlen;
    int flag = 0;
    char mem[110];
    int start=-1, end=-1;
    int i, j, k, flag1=0;
    int maxlen = -1;
    int linklen;
    int jilu = -1;
    int flen;
    int dingwei = -1;
    fangwen = 1;
    if(continue1 == 0)   /*如果输入的是 locate 命令，则执行*/
    {
        scanf("%s", link1);
        scanf("%s", value1);
        memset(visit, 0, sizeof(visit));
    }
    vlen = strlen(value1);
    linklen = strlen(link1);
    if(continue1 == 0)
    {
        link1[linklen] = ' ';
        link1[linklen+1] = '\0';
    }
    memset(mem, '\0', sizeof(mem));
    if(continue1 == 0)
    {
        memset(zd1, '\0', sizeof(zd1));
        memset(lx1, '\0', sizeof(lx1));
    }
    if(continue1 == 1)    /*如果输入的是 continue 命令，则跳转到 loop2*/
        goto loop2;
    for(i=0; i<vlen; i++)
    {
        if(value1[i] == '=')
            break;
        zd1[zdlen++] = value1[i];
    }
    zd1[zdlen] = '\0';
loop2:
    if(strcmp(link1,"for ")!=0 && strcmp(link1,"FOR ")!=0)
    {
        printf("您输入的命令有语法错误！\n");
        goto loop;
    }
    for(i=0; i<vlen; i++)
```

```
    {
        if(value1[i]==34 && flag1==0)
        {
            start = i;
            flag1 = 1;
        }
        else if(value1[i]==34 && flag1==1)
        {
            end = i;
            break;
        }
    }
    if(start==-1 || end==-1)
    {
        printf("您输入的命令语法有错误！\n");
        goto loop;
    }
    for(i=start+1; i<end; i++)
        lx1[lxlen++] = value1[i];
    if(continue1 == 1)
        goto loop3;
    lx1[lxlen] = '\0';
loop3:
    for(i=0; i<com; i++)
        if(strcmp(wj[0][i].data,zd1) == 0)
            jilu = i;
    if(jilu == -1)
    {
        printf("数据库没有该字段的值!\n");
        goto loop;
    }
    for(i=0; i<len; i++)
    {
        if(strcmp(wj[i][jilu].data,lx1)==0 && visit[i]==0)
        {
            dingwei = i;
            visit[dingwei] = 1;
            break;
        }
    }
    if(dingwei == -1)
    {
        printf("数据库中没有符合该条件的字段！\n");
        goto loop;
    }
    for(i=0; i<len; i++)
        for(j=0; j<com; j++)
        {
            flen = strlen(wj[i][j].data);
            if(flen > maxlen)
```

```
            maxlen = flen;
        }
    for(k=0; k<maxlen*(com); k++)
        printf("*");
    printf("\n");
    for(i=0; i<com; i++)
    {
        printf("%s", wj[0][i].data);
        for(k=strlen(wj[0][i].data); k<maxlen; k++)
            printf(" ");
    }
    printf("\n");
    for(k=0; k<maxlen*(com); k++)
        printf("*");
    printf("\n");
    for(j=0; j<com; j++)
    {
        printf("%s", wj[dingwei][j].data);
        for(k=strlen(wj[i][j].data); k<maxlen; k++)
        printf(" ");
    }
    printf("\n");
    for(k=0; k<maxlen*(com); k++)
        printf("*");
    printf("\n");
loop:
    ;
}
void ChangeDbms(char mem[], int *com, int *len)     /*修改字段的函数*/
{
    char link[110], value[110], zd[110], lx[110];
    int zdlen=0, lxlen=0, vlen, start=-1, end=-1, i, flag1=0,
      linklen, jilu=-1, dingwei=-1, gailen;
    scanf("%s", link);  /*存放for字符串*/
    scanf("%s", value); /*存放for后面的字符串*/
    vlen = strlen(value);    /*测量value数组的长度*/
    linklen = strlen(link); /*测量link数组的长度*/
    link[linklen] = ' ';     /*将link数组末尾追加一个空格，以便匹配"for "*/
    link[linklen+1] = '\0'; /*追加空格后link末尾+1，打上结束标识*/
    memset(mem, '\0', sizeof(mem)); /*初始化数组*/
    memset(zd, '\0', sizeof(zd));   /*初始化字段数组*/
    memset(lx, '\0', sizeof(lx));   /*初始化要匹配的内容数组*/
    for(i=0; i<vlen; i++)    /*zd存放value中等号之前的字段名称*/
    {
        if(value[i] == '=')
            break;
        zd[zdlen++] = value[i];
    }
    zd[zdlen] = '\0';  /*末尾赋予结束标识*/
    if(strcmp(link,"for ") != 0)
```

```
  /*如果link没有与"for "匹配成功，则说明命令语法有错误*/
 {
    printf("您输入的命令有语法错误！\n");
    goto loop;    /*跳到loop指向的位置，也就是函数末尾*/
 }
 for(i=0; i<vlen; i++)
 {
    if(value[i]==34 && flag1==0) /*找到第一个"start指向其下标*/
    {
        start = i;
        flag1 = 1;    /*flaq1=1说明已经找到第一个"*/
    }
    else if(value[i]==34 && flag1==1)
    {                  /*如果找到了第二个"并且flag1=1则end指向第二个"的下标*/
        end = i;
        break;     /*start与end都找到后，跳出循环体*/
    }
 }
 if(start==-1 || end==-1) /*如果start或者end没有全部找到则说明命令有错误*/
 {
    printf("您输入的命令语法有错误！\n");
    goto loop;    /*跳到loop指定的位置，也就是函数末尾*/
 }
 for(i=start+1; i<end; i++)
   /*将value数组中start与end之间的字符赋给lx数组*/
    lx[lxlen++] = value[i];
 lx[lxlen] = '\0';          /*lx数组末尾加上结束标识*/
 for(i=0; i<*com; i++)
    if(strcmp(wj[0][i].data,zd) == 0)
      /*如果要查找的字段在wj数组中存在的话，则jilu指向该字段*/
        jilu = i;
 if(jilu == -1)  /*如果jilu=-1，说明在数据库中不存在要查找的字段*/
 {
    printf("数据库没有该字段的值!\n");
    goto loop;    /*跳到loop指向的位置，也就是函数末尾*/
 }
 for(i=0; i<*len; i++)      /*在匹配成功的字段中查找满足条件的内容的行的位置*/
 {
    if(strcmp(wj[i][jilu].data,lx) == 0)
      /*如果找到，则dingwei等于该行所在的位置*/
    {
        dingwei = i;
        break;
    }
 }
 if(dingwei == -1)     /*如果dingwei等于-1，说明没有找到满足条件的行*/
 {
    printf("数据库中没有符合该条件的字段！\n");
    goto loop;    /*跳到loop指定的位置，也就是函数末尾*/
 }
```

```
    for(i=0; i<*com; i++)     /*找到该行后，对该行的每个字段进行修改*/
    {
        printf("请输入%s 的值：\n", wj[0][i].data);
        printf("%s -> ", wj[dingwei][i].data);
        scanf("%s", wj[dingwei][i].data);
        gailen = strlen(wj[dingwei][i].data);
        wj[dingwei][i].data[gailen] = '\0';
    }
    printf("字段修改成功！\n");
loop:
    ;
}
void PxDbms(char ziduan[], char ch, int *com, int *len)    /*排序函数*/
{
    int i, j, k, reg=-1;
    char temp[20];
    memset(temp, '\0', sizeof(temp));
    for(i=0; i<*com; i++)     /*查找满足条件的字段*/
        if(strcmp(wj[0][i].data,ziduan) == 0)
            reg = i;
    if(reg == -1)     /*如果该字段在数据库中不存在，则 reg=-1*/
        printf("数据库中没有该字段!\n");
    if(reg != -1)     /*否则进行排序*/
    {
        if(ch=='d' || ch=='D')     /*如果 ch='d'或者'D'，则为降序排列*/
        {
            for(i=1; i<*len; i++)/*利用气泡降序排序*/
            {
                for(j=i+1; j<*len; j++)
                {
                    if(strcmp(wj[i][reg].data,wj[j][reg].data)<0
                      || (strlen(wj[i][reg].data)<strlen(wj[j][reg].data)))
                    {
                        for(k=0; k<*com; k++)
                        {
                            strcpy(temp, wj[i][k].data);
                            strcpy(wj[i][k].data, wj[j][k].data);
                            strcpy(wj[j][k].data, temp);
                            memset(temp, '\0', sizeof(temp));
                        }
                    }
                }
            }
        }
        else /*否则为升序排列*/
        {
            for(i=1; i<*len; i++)     /*使用冒泡排序法进行升序排序*/
            {
                for(j=i+1; j<*len; j++)
                {
```

```
                if(strcmp(wj[i][reg].data,wj[j][reg].data)>0
                  ||(strlen(wj[i][reg]. data)>strlen(wj[j][reg].data)))
                {
                   for(k=0; k<*com; k++)
                   {
                       strcpy(temp, wj[i][k].data);
                       strcpy(wj[i][k].data, wj[j][k].data);
                       strcpy(wj[j][k].data, temp);
                       memset(temp, '\0', sizeof(temp));
                   }
                }
            }
        }
     }
   }
}
void SortDbms(int *com, int *len)
{
   char second[110], value[110], ziduan[110], ch='@';
   int lenv, i, lenzd=0, com1=*com, len1=*len;
   memset(second, '\0', sizeof(second));   /*初始化数组*/
   memset(value, '\0', sizeof(value)); /*初始化数组*/
   memset(ziduan, '\0', sizeof(ziduan));   /*初始化数组*/
   scanf("%s", second);    /*接收"on" */
   scanf("%s", value); /*接收"on"后面的字符*/
   if(strcmp(second,"on") != 0)    /*如果 second 不等于"on"则说明语法错误*/
   {
      printf("语法错误!\n");
      goto loop;   /*跳到 loop 指定的位置，也就是函数末尾*/
   }
   lenv = strlen(value);    /*测量 value 数组的长度*/
   for(i=0; i<lenv; i++)
   {
      ziduan[lenzd++] = value[i];
      if(value[i]==47)
        /*ch 接收排序的方法。如果是升序，则 ch 接收到的字符为'a'或者'A' */
      { /*如果为降序，则 ch 接收到的字符为'd'或者'D'*/
         ch = value[i+1];
         break;
      }
      if(value[i] == 92)   /*如果输入的字符存在'\'，则说明命令中有非法字符*/
      {
         printf("您输入的语法中含有非法字符'\\' \n");
         goto loop;    /*跳到函数末尾*/
      }
   }
   if(ch == '@')    /*如果 ch 没有接收到字符，则默认为升序排列*/
      ziduan[lenzd] = '\0';
   else
      ziduan[lenzd-1] = '\0';
```

```
    if(ch=='a' || ch=='@' || ch=='d' || ch=='D' || ch=='A')
      /*调用 PxDbm 函数进行排序*/
        PxDbms(ziduan, ch, &com1, &len1);
    else
        printf("语法错误!\n");
loop:
    ;
}

void CloseDbms(char secondinput[], int *com, int *len,
  char mem[], char bian[])      /*关闭函数*/
{
    FILE *fp;
    int i, j;
    fp = fopen(secondinput, "w+");          /*以读写的方式打开指定的文件*/
    for(i=0; i<*len-1; i++)                 /*向指定的数据库文件写内容*/
    {
        for(j=0; j<*com; j++)
            fprintf(fp, "%s ", wj[i][j].data);
        fputc('\n', fp);
    }
    for(i=0; i<*com; i++)
    fprintf(fp, "%s ", wj[*len-1][i].data);
    fclose(fp);
    memset(wj, '\0', sizeof(wj)); /*向数据库文件写完内容后对以下数组进行初始化*/
    memset(mem, '\0', sizeof(mem));
    memset(bian, '\0', sizeof(bian));
    *len = 0;                              /*wj 数组的行与列进行初始化*/
    *com = 0;
}

int main()
{
    DbmsLinklist *database[1100];    /*创建库结构*/
    char input[1100], append[1100]; /*存放命令字符串*/
    int i, l=0, l1=0, num=0, handle, length=1, fangwen=0, visit[110]={0};
    int continue1 = 0;
    int go; /*当执行 go 命令时，存储当前所指向的记录*/
    char error[110];       /*接收错误命令后面的命令字符串*/
    char link1[110];
    char value1[110];
    char zd1[110];
    char lx1[110];
    char mem[110];    /*分别存储文件的每一行，再复制给 wj 数组*/
    int len = 0;       /*wj 数组的行数，也就是数据库中的记录数目*/
    int lie = 0;
    int com = 0;       /*记录 wj 的列数*/
    int bianlen, fanlen=0;
    char bian[100]; /*自动生成的编号转换为相对应的字符串*/
    char fabian[100];     /*反向存储 bian 数组*/
```

```
    FILE *fp;
    char secondinput[1100];
    HelpDbms();
    printf(".");

    while(scanf("%s",input) != EOF) /*连续输入，一直输入到文件尾结束*/
    {
        if(strcmp(input,"creat")==0) /*如果输入命令为"creat"，则创建数据库文件*/
        {
            scanf("%s", secondinput);       /*输入数据库的名称*/
            handle = creat(secondinput, S_IREAD | S_IWRITE);
              /*创建数据库文件*/
            CreateDbmsStruct(database, &length);
              /*调用 CreateDbmsStruct 函数向数据库添加字段*/
            for(i=0; i<length; i++)   /*向数据库文件中追加类型*/
                write(handle, database[i]->data, strlen(database[i]->data));
            printf("\n");
            goto loop5;    /*跳转到 loop5 位置*/
        }
        else if(strcmp(input,"quit") == 0)   /*退出系统*/
        {
            printf("谢谢使用! \n");
            break;
        }
        else if(strcmp(input,"help") == 0)   /*调用 help 函数显示帮助文档*/
        {
            HelpDbms();
        }
        else if(strcmp(input,"use") == 0)    /*打开数据库命令*/
        {
            scanf("%s", secondinput);
            if((fp=fopen(secondinput,"r")) == NULL)
              /*判断数据库在本地磁盘是否存在*/
            {
                printf("数据库不存在! \n");
                printf(".");
                continue;
            }
            else  /*如果存在，则打开该数据库*/
            {
loop5:
                printf("数据库已成功打开!\n");
                OpenDbms(secondinput, &com, &len, bian, fabian);
            }
            printf(".");
            scanf("%s", append); /*数据库打开成功后，输入操作数据库的命令*/
            while(1)
            {
                if(strcmp(append,"/use") == 0)     /*关闭数据库*/
                {
```

```
        CloseDbms(secondinput, &com, &len, mem, bian);
        printf("数据库成功关闭！");
        break;
    }
    else if(strcmp(append,"append") == 0)   /*向数据库追加内容*/
        AppendDbms(bian, fanlen, fabian, bianlen, &com, &len);
    else if(strcmp(append,"brows") == 0) /*浏览数据库*/
        DisplayDbms(mem, &com, &len);
    else if(strcmp(append,"go") == 0) /*执行 go 命令定位指定的行数*/
        scanf("%d", &go);
    else if(strcmp(append,"disp")==0
      || strcmp(append,"DISP")==0)      /*浏览 go 命令所定位的行*/
        DispGo(go, &com, &len);
    else if(strcmp(append,"delete")==0
      || strcmp(append,"DELETE")==0)
        DeleteDbms(mem, &com, &len);   /*按条件删除数据库所匹配的行*/
    else if(strcmp(append,"zap")==0 || strcmp(append,"ZAP")==0)
    {  /*将数据库的内容全部删除，只保留库结构*/
        len = 1;
        printf("表中记录已经全部删除！\n");
    }
    else if(strcmp(append,"locate")==0
      || strcmp(append,"LOCATE")==0)
    {  /*按条件查找数据库所匹配的行*/
        scanf("%s%s", link1, value1);
        continue1 = 0;
        memset(visit, 0, sizeof(visit));
        LocateDbms(link1, value1, visit, lx1, zd1,
          &continue1, &com, &len, &fangwen);
        continue1 = 1;
    }
    else if(strcmp(append,"continue")==0
      || strcmp(append,"CONTINUE")==0)
    {
        if(fangwen == 0)
          /*continue 与 locate 命令搭配使用，查找符合条件的下一行*/
            printf("continue 命令必须和 locate 命令搭配使用！ \n");
        else
        {
            continue1 = 1;
            LocateDbms(link1, value1, visit, lx1, zd1,
              &continue1, &com, &len, &fangwen);
            continue1 = 0;
        }
    }
    else if(strcmp(append,"change")==0
      || strcmp(append,"CHANGE")==0)
        ChangeDbms(mem, &com, &len);   /*修改符合条件的一行*/
    else if(strcmp(append,"sort")==0)
      /*按条件对数据库的内容进行排序*/
```

```
                SortDbms(&com, &len);
            else if(strcmp(append,"help")==0) /*打开帮助文档*/
                HelpDbms();
            else if(strcmp(input,"quit") == 0)     /*退出系统*/
            {
                printf("谢谢使用! \n");
                break;
            }
            else
                printf("您输入的命令符错误! 请重新输入\n");
            printf(".");
            scanf("%s", append);
        }
    }
    else
    {
        scanf("%s", error);  /*接收错误命令后面的字符串*/
        printf("您输入的命令符错误! 请重新输入");
    }

    printf("\n");
}

return 0;
}
```

5．运行结果

程序运行结果如图 9.2 所示。

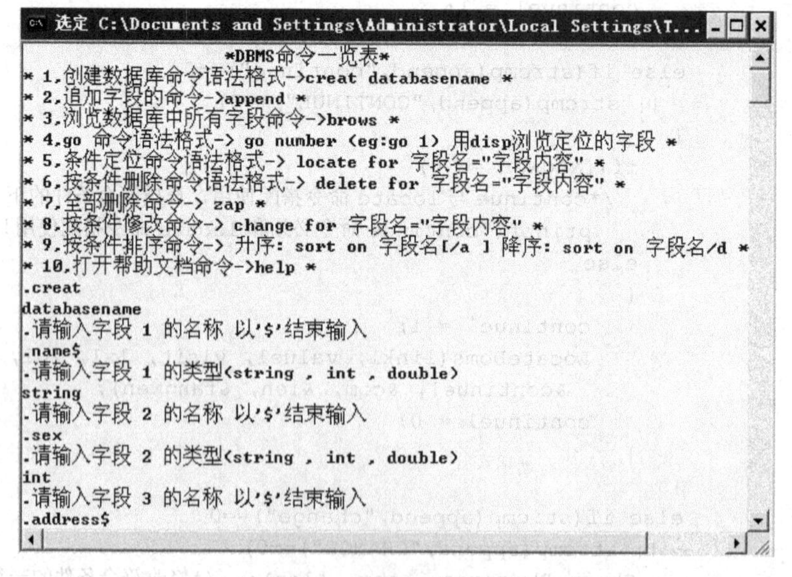

图 9.2　数据库管理系统

问题3 马 踏 棋 盘

1．问题描述

该设计完成一个国际象棋的马踏棋盘的演示程序。

马踏棋盘问题是指将马随机地放在象棋的某个方格中，按马走日的走棋规则进行移动。要求每个方格只进入一次，走遍棋盘上全部64个方格。

用户给出马的起始位置，求出马的行走路线，将数字 1，2，...，64 填写到 8×8 格子中，并进行输出。

2．任务要求

(1) 菜单内容。

这里不要菜单，用户只需输入起始点的坐标。

(2) 设计要求。

程序的输入：要求输入马的起始位置，即相应的坐标。

程序的输出：要求给出马从起始位置走遍棋盘的过程，并按照求出的行走路线的顺序，将数字 1，2，...，64 填写到相应的格子中。

(3) 功能函数设计。

目的是练习利用栈结构来解决实际应用问题的能力，进一步理解和熟悉栈的顺序存储结构。

从用户给出的初始位置开始判断，按顺时针的方向，每次产生一个新的路点，并验证此路点的可用性，考虑是否超出了棋盘范围或已经走过了。如果新路点可以使用，则入栈，并执行下一步。重复如上步骤，每次按照已走路点的位置生成新路点。如果一个路点的可扩展路点数为0，则进行回溯，直到找到一个马能踏遍整个棋盘的行走路线为止。

主要功能函数如下。

(1) void Initial()：棋盘初始化的函数。

(2) void PushStack(HorsePoint positon)：入栈函数。

(3) HorsePoint PopStack()：出栈函数。

(4) HorsePoint GetInitPoint()：输入 horse 的起始坐标。

(5) HorsePoint GetNewPoint(HorsePoint *parent)：产生新节点函数。

(6) void CalcPoint(HorsePoint hh)：计算路径的函数。

(7) void PrintChess()：以 8×8 矩阵的形式输出运行结果。

3．分析与实现

主要的数据结构表示马的位置。定义如下：

```
typedef struct
{
    int x;
    int y;
```

```
    int direction;
} HorsePoint;
```

主要的数据存储机制：

```
HorsePoint ChessPath[MAXLEN];                //模拟路径栈
int count;                                   //入栈节点个数
int ChessBoard[MAXNUM][MAXNUM];              //棋盘数组
```

主要的功能函数的实现：

```
void Initial()                               //棋盘初始化的函数
{
    int i, j;
    for(i=0; i<MAXNUM; i++)
        for(j=0; j<MAXNUM; j++)
            ChessBoard[i][j] = 0;            //0，代表没走过
    for(i=0; i<MAXLEN; i++)
    {
        ChessPath[i].x = 0;
        ChessPath[i].y = 0;
        ChessPath[i].direction = INVALIDDIR;
    }
    count = 0;  //栈中最初没有元素
}
void PushStack(HorsePoint positon)           /*入栈函数*/
{
    ChessBoard[positon.x][positon.y] = 1;    //1，证明已走过
    ChessPath[count] = positon;              /*节点入栈*/
    count++;                                 //栈中节点个数加 1
}
HorsePoint PopStack()                        //出栈函数
{
    HorsePoint positon;
    count--;
    positon = ChessPath[count];
    ChessBoard[positon.x][positon.y] = 0;
    ChessPath[count].direction = INVALIDDIR;
    return positon;
}
HorsePoint GetInitPoint()                    //马的起始坐标
{
    HorsePoint positon;
    do
    {
        printf("\n请输入起始点(y,x):");
        scanf("%d,%d", &positon.x, &positon.y);
        printf("\n请稍等......\n");
        printf("\n\n");
    } while(positon.x>=MAXNUM || positon.y>=MAXNUM || positon.x<0
     || positon.y<0); /*不超过各个边缘时*/
    positon.direction = INVALIDDIR;          //是初值，没走过
```

```
    return positon;
}
HorsePoint GetNewPoint(HorsePoint *parent) //产生新节点函数
{
    int i;
    HorsePoint newpoint;
    int tryx[MAXDIR] = {1,2,2,1,-1,-2,-2,-1}; //能走的 8 个方向的坐标增量
    int tryy[MAXDIR] = {-2,-1,1,2,2,1,-1,-2};
    newpoint.direction = INVALIDDIR; //新节点可走方向初始化
    parent->direction = parent->direction++;  //上一节点能走的方向*/
    for(i=parent->direction; i<MAXDIR; i++)
    {
        newpoint.x = parent->x + tryx[i]; //试探新节点的可走方向*/
        newpoint.y = parent->y + tryy[i];
        if(newpoint.x<MAXNUM && newpoint.x>=0 && newpoint.y<MAXNUM
          && newpoint.y>=0 && ChessBoard[newpoint.x][newpoint.y]==0)
        {
            parent->direction = i;              /*上一节点可走的方向*/
            ChessBoard[newpoint.x][newpoint.y] = 1;   /*标记已走过*/
            return newpoint;
        }
    }
    parent->direction = INVALIDDIR;
    return newpoint;
}
void CalcPoint(HorsePoint hh)      /*计算路径的函数*/
{
    HorsePoint npositon;
    HorsePoint *ppositon;
    Initial();
    ppositon = &hh;
    PushStack(*ppositon);
    while(!(count==0 || count==MAXLEN))
    {
        ppositon = &ChessPath[count-1];
        npositon = GetNewPoint(ppositon);
        if(ppositon->direction != INVALIDDIR)
        {
            ChessPath[count-1].direction = ppositon->direction;
            PushStack(npositon);
        }
        else
            PopStack();
    }
}
void PrintChess()                  /*以矩阵的形式输出运行结果*/
{
    int i, j;
    int state[MAXNUM][MAXNUM];
    int step = 0;
```

```
    HorsePoint positon;
    count = MAXLEN;
    if(count == MAXLEN)
    {
        for(i=0; i<MAXLEN; i++)
        {
            step++;
            positon = ChessPath[i];
            state[positon.x][positon.y] = step;
        }
        for(i=0; i<MAXNUM; i++)
        {
            printf("\t\t");
            for(j=0; j<MAXNUM; j++)
            {
                if(state[i][j] < 10)
                    printf(" ");
                printf("%d ", state[i][j]);
            }
            printf("\n");
        }
        printf("\n");
    }
    else
        printf("\t\t 此时不能踏遍棋盘上所有点! \n");
}
```

4. 运行结果

程序的运行结果如图 9.3 所示。

```
C:\Users\Administrator\Documents\Test.exe
请输入起始点x(1-8)和y(1-8), 输入0 0表示结束
1 8
  60  45  26  39  62   9  24   1
  27  38  61  44  25   2  63  10
  46  59  42  21  40  11   8  23
  37  28  47  58  43  22   3  64
  48  57  36  41  20   5  12   7
  35  54  29  50  31  14  17   4
  56  49  52  33  16  19   6  13
  53  34  55  30  51  32  15  18
1 1
   1  60  39  34  31  18   9  64
  38  35  32  61  10  63  30  17
  59   2  37  40  33  28  19   8
  36  49  42  27  62  11  16  29
  43  58   3  50  41  24   7  20
  48  51  46  55  26  21  12  15
  57  44  53   4  23  14  25   6
  52  47  56  45  54   5  22  13
0 0
```

图 9.3 马踏棋盘程序的运行结果

问题 4　停车场管理

1. 问题描述

设停车场内只有一个可放 n 辆汽车的狭长通道，只有一个大门可以供车辆进出。汽车在停车场内按到达时间的先后顺序，依次由北向南排列，门在南，最先到达的车辆停在最北边，若停车场已满，则后来的车辆只能在门外的便道上等候，一旦有车开走，则排在便道的第一辆车即可进入；当停车场内某辆车要出去时，其后进入大门的车必须先退出让路，待该车出去，再按原来的顺序进入停车场，车子按停在停车场时间的长短缴费。

该设计采用菜单作为应用程序的主要界面，用控制语句来改变程序执行的顺序，控制语句是实现结构化程序设计的基础。

该设计的任务是利用一个简单实用的菜单，通过选择菜单命令，实现停车场管理中常用的几个不同的功能。

2. 任务要求

(1)　菜单内容。

1. 车辆到达。
2. 车辆离开。
3. 列表显示(停车场和便道情况)。
4. 退出系统。

请选择 1~4。

(2)　设计要求。

使用 1~4 来选择菜单命令，其他输入则不起作用。用栈来模拟停车场，用队列来模拟便道。车辆到达时，需要输入车牌和到达时间。车辆离开时，要输入汽车的停车位置及其离开时间，且输出汽车在车场停留的时间和应交纳的费用(停留在便道不需要费用)。

(3)　功能函数设计。

本设计的目的是练习栈和队列，通过栈和队列来解决停车场的问题。

用到的几个主要数据结构如下：

```
typedef struct time
{
   int hour;
   int min;
} Time; //时间节点
typedef struct node
{
   char num[10];
   Time reach;
   Time leave;
} CarNode; //车辆信息节点
typedef struct NODE
{
```

```
    CarNode *stack[MAXNUM+1];
    int top;
} SeqStackCar; //模拟车场
typedef struct car
{
    CarNode *data;
    struct car *next;
} QueueNode;
typedef struct Node
{
    QueueNode *head;
    QueueNode *rear;
} LinkQueueCar; //模拟便道
```

主要功能函数如下。

① void StackInit(SeqStackCar *s)：初始化车场。

② int QueueInit(LinkQueueCar *Q)：初始化便道。

③ void Print(CarNode *p, int room)：打印出站车的信息。

④ int Arrival(SeqStackCar *Enter, LinkQueueCar *W)：车辆到达。

⑤ void Leave(SeqStackCar *Enter, SeqStackCar *Temp, LinkQueueCar *W)：车辆离开。

⑥ void List1(SeqStackCar *S)：列表显示车场信息。

⑦ void List2(LinkQueueCar *W)：列表显示便道信息。

3. 分析与实现

用栈来模拟停车场，用队列来模拟便道。

车辆到达时需要输入车牌和达到时间。

车辆离开时，要输入汽车的停车位置及其离开时间，且输出汽车在车场停留的时间和应交纳的费用(停留便道不需要费用)。

主要的功能代码如下：

```
void StackInit(SeqStackCar *s) //初始化车场
{
    int i;
    s->top = 0;
    for(i=0; i<=MAXNUM; i++)
        s->stack[s->top] = NULL;
}
int QueueInit(LinkQueueCar *Q) //初始化便道
{
    Q->head = (QueueNode*)malloc(sizeof(QueueNode));
    if(Q->head != NULL)
    {
        Q->head->next = NULL;
        Q->rear = Q->head;
        return OK;
    }
    else
```

```
        return ERROR;
}
void Print(CarNode *p, int room) //打印离开车辆的信息
{
    int A1, A2, B1, B2;
    printf("\n 请输入离开的时间:/**:**/");
    scanf("%d:%d", &(p->leave.hour), &(p->leave.min));
    printf("\n 离开车辆的车牌号为:");
    puts(p->num);
    printf("\n 其到达时间为: %d:%d", p->reach.hour, p->reach.min);
    printf("离开时间为: %d:%d", p->leave.hour, p->leave.min);
    A1 = p->reach.hour;
    A2 = p->reach.min;
    B1 = p->leave.hour;
    B2 = p->leave.min;
    printf("\n 应交费用为: %2.1f 元", ((B1-A1)*60+(B2-A2))*price);
    free(p);
}
int Arrival(SeqStackCar *Enter, LinkQueueCar *W) //车辆到达
{
    CarNode *p;
    QueueNode *t;
    p = (CarNode*)malloc(sizeof(CarNode));
    printf("\n 请输入车牌号(例:陕 A1234):");
    getchar();
    gets(p->num);
    if(Enter->top < MAXNUM) /*车场未满, 车进车场*/
    {
        Enter->top++;
        printf("\n 车辆在车场第%d 位置.", Enter->top);
        printf("\n 请输入到达时间:/**:**/");
        scanf("%d:%d", &(p->reach.hour), &(p->reach.min));
        Enter->stack[Enter->top] = p;
        return OK;
    }
    else /*车场已满, 车进便道*/
    {
        printf("\n 该车须在便道等待!");
        t = (QueueNode*)malloc(sizeof(QueueNode));
        t->data = p;
        t->next = NULL;
        W->rear->next = t;
        W->rear = t;
        return OK;
    }
}
void Leave(SeqStackCar *Enter, SeqStackCar *Temp, LinkQueueCar *W)
  //车辆离开
{
    int room;
```

```
    CarNode *p, *t;
    QueueNode *q;

    if(Enter->top > 0)  //有车否?
    {
        while(TRUE)  /*输入离开车辆的信息*/
        {
            printf("\n 请输入车在车场的位置/1--%d/: ", Enter->top);
            scanf("%d", &room);
            if(room>=1 && room<=Enter->top) break;
        }
        while(Enter->top > room)  /*车辆离开*/
        {
            Temp->top++;
            Temp->stack[Temp->top] = Enter->stack[Enter->top];
            Enter->stack[Enter->top] = NULL;
            Enter->top--;
        }
        p = Enter->stack[Enter->top];
        Enter->stack[Enter->top] = NULL;
        Enter->top--;
        while(Temp->top >= 1)
        {
            Enter->top++;
            Enter->stack[Enter->top] = Temp->stack[Temp->top];
            Temp->stack[Temp->top] = NULL;
            Temp->top--;
        }
        Print(p, room);

        //判断便道上是否有车及车场是否已满
        if((W->head!=W->rear) && Enter->top<MAXNUM)
        {
            q = W->head->next;
            t = q->data;
            Enter->top++;
            printf("\n 便道的%s 号车进入车场第%d 位置.", t->num, Enter->top);
            printf("\n 请输入现在的时间/**:**/:");
            scanf("%d:%d", &(t->reach.hour), &(t->reach.min));
            W->head->next = q->next;
            if(q==W->rear) W->rear=W->head;
            Enter->stack[Enter->top] = t;
            free(q);
        }
        else
            printf("\n 便道里没有车.\n");
    }
    else
        printf("\n 车场里没有车."); /*没车*/
}
```

```
void List1(SeqStackCar *S) //显示车场信息
{
   int i;
   if(S->top > 0) /*判断车场内是否有车*/
   {
      printf("\n 车场:");
      printf("\n 位置 到达时间 车牌号\n");
      for(i=1; i<=S->top; i++)
      {
         printf(" %d ", i);
         printf("%d:%d ",
           S->stack[i]->reach.hour, S->stack[i]->reach.min);
         puts(S->stack[i]->num);
      }
   }
   else
      printf("\n 车场里没有车");
}
void List2(LinkQueueCar *W) //显示便道信息
{
   QueueNode *p;
   p = W->head->next;
   if(W->head != W->rear) /*判断便道上是否有车*/
   {
      printf("\n 等待车辆的号码为:");
      while(p != NULL)
      {
         puts(p->data->num);
         p = p->next;
      }
   }
   else
      printf("\n 便道里没有车.");
}
void List(SeqStackCar S, LinkQueueCar W)
{
   int flag, tag;
   flag = 1;
   while(flag)
   {
      printf("\n 请选择 1|2|3:");
      printf("\n1.车场\n2.便道\n3.返回\n");
      while(TRUE)
      {
         scanf("%d", &tag);
         if(tag>=1 || tag<=3) break;
         else printf("\n 请选择 1|2|3:");
      }
      switch(tag)
      {
```

```
            case 1:  /*列表显示车场信息*/
                  List1(&S);
                  break;
            case 2:  /*列表显示便道信息*/
                  List2(&W);
                  break;
            case 3:
                  flag = 0;
                  break;
            default:
                  break;
        }
    }
}
```

4. 运行结果

程序的运行结果如图 9.4 所示。

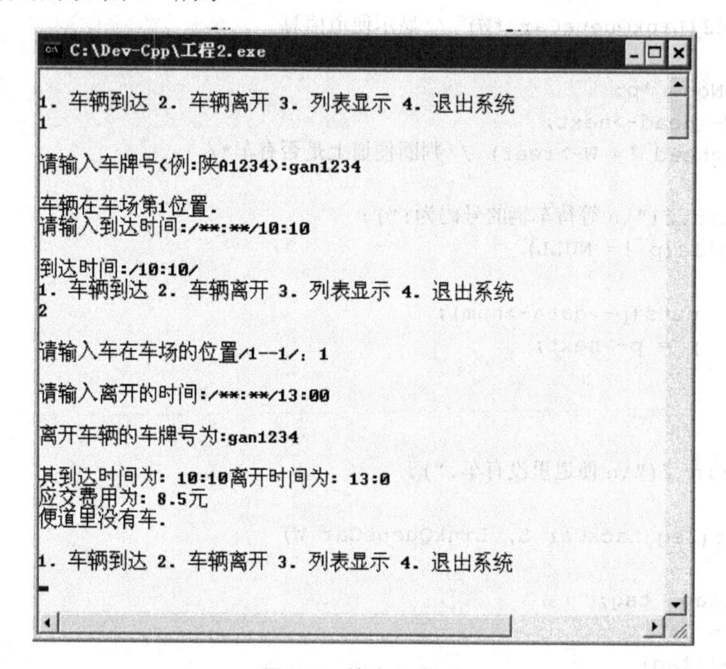

图 9.4 停车场管理

问题 5 大整数计算器

1. 问题描述

基本整型数据的表示范围有限，为克服基本整型的局限性，本设计实现大整数的加、减、乘、除和求余运算。

该设计采用菜单作为应用程序的主要界面，用控制语句来改变程序执行的顺序，控制语句是实现结构化程序设计的基础。该设计的任务，是利用一个简单实用的菜单，通过选择菜单命令，完成大整数的加、减、乘、除和求余运算。

2. 任务要求

(1) 菜单内容。

大整数的运算器。

1 - 加法。

2 - 减法。

3 - 乘法。

4 - 除法。

5 - 求余。

0 - 退出。

请选择 0~5。

(2) 设计要求。

使用 0~5 来选择菜单命令，其他输入则不起作用。

用字符数组和整型数组来存放大整数。

输入两个大整数，输出这两个大整数的加、减、乘、除和求余运算结果。

(3) 功能函数设计。

主要功能函数如下。

① int Compare(const DataType *a, const DataType *b)：两个大整数比较。

② void AdditionInt(DataType *augend, DataType *addend, DataType *sum)：两个大整数的加法。

③ void SubtrationInt(DataType *minuend, DataType *subtrahend, DataType *difference)：两个大整数的减法。

④ void MultiplicationInt(DataType *multiplicand, DataType *multiplier, DataType *product)：两个大整数的乘法。

⑤ void DivisionInt(DataType *dividend, DataType *divisor, DataType *quotient, DataType *remainder)：两个大整数的除法。

⑥ int Radix(DataType *tostr, DataType *fromstr)：去掉原字符串的小数点，把浮点数转化成整数后，存储到新的字符串中。

3. 分析与实现

基本整型数据的表示范围有限。为克服基本整型的局限性，本设计实现大整数的加、减、乘、除和求余运算。本设计中，用字符数组和整型数组来存放大整数。利用数组中的一个元素表示大整数中的一位，然后根据四则运算法则，对相应的位依次进行相应的运算，同时，保存进位或借位，从而实现大整数的运算。

(1) 计算大整数的加法：采用数学中的列竖式的方法，从个位开始逐位相加，超过或到达 10 则进位，同时，将该位计算结果存到另一个字符串中，直到加完所有位为止。

(2) 计算大整数的减法：首先判断被减数和减数是否相等，若相等结果为 0，否则，用比较函数看谁大，确定结果的正负性，然后对齐位依次相减，不够向前面借位，直到求出每一位减法之后的结果。

(3) 计算大整数的乘法：首先让乘数的每一位都与被乘数进行乘法运算，两个乘数之积与进位作为当前位的乘积，求得当前位的同时获取进位值，实现大整数的乘法运算。

(4) 计算大整数的除法：反复做减法，从被除数里最多能减多少次除数，所求得的次数就是商。剩余不够减的就是余数。这样便可以计算出大整数除法的商和余数。

具体的功能函数如下：

```
int Compare(const char *a, const char *b)
{
    int lena = strlen(a);
    int lenb = strlen(b);
    if(lena != lenb)
        return lena>lenb? 1 : -1;
    else
        return strcmp(a, b);
}

void AdditionInt(char *augend, char *addend, char *sum)
{
    int caug[MAXLEN] = {0};
    int cadd[MAXLEN] = {0};
    int csum[MAXLEN] = {0};
    int carry = 0;  /*进位*/
    int s = 0;  /*两对应位之和*/
    int lenaug=strlen(augend), lenadd=strlen(addend); //取数的长度
    int lenmin = lenaug<lenadd? lenaug : lenadd; //长度中的较小值
    int i, j;
    for(i=0; i<lenaug; i++) //用整型数组来放大整数(逆序)
        caug[i] = augend[lenaug-1-i] - '0';
    for(i=0; i<lenadd; i++)
        cadd[i] = addend[lenadd-1-i] - '0';
    for(i=0; i<lenmin; i++) //实现加法
    {
        s = caug[i] + cadd[i] + carry; //两个加数对应位和进位之和作为当前位的和
        csum[i] = s % 10; //存储当前位
        carry = s/10;  //获取进位
    }
    while(i < lenaug) //处理加数或被加数超出长度的部分
    {
        s = caug[i] + carry;
        csum[i] = s % 10;
        carry = s / 10;
        i++;
    }
    while(i < lenadd)
    {
        s = cadd[i] + carry;
        csum[i] = s % 10;
```

```
        carry = s / 10;
        i++;
    }
    if(carry > 0)    //处理最后进位
        csum[i++] = carry;
    for(j=0; j<i; j++) //逆序存储两数之和到字符串
        sum[j] = csum[i-1-j] + '0';
    sum[i] = '\0';
}

void SubtrationInt(char *minuend, char *subtrahend, char *difference)
{
    int len, lenm, lenS, lenmin, i, j, k;
    int flag;    //结果是整数还是负数
    int cm[MAXLEN] = {0};
    int cs[MAXLEN] = {0};
    int cd[MAXLEN] = {0};

    if(strcmp(minuend,subtrahend) == 0) //如果两数相等，返回0
    {
        strcpy(difference, "0");
        return;
    }
    lenm = strlen(minuend);
    lenS = strlen(subtrahend);
    lenmin = lenm<lenS? lenm : lenS;  //两个减数的长度中的较小值
    if(Compare(minuend,subtrahend) > 0)
     //逆序复制减数和被减数到整型数组，保证cm大于cs
    {
        flag = 0;  /*被减数大于减数，结果为正数*/
        for(i=0; i<lenm; i++)
            cm[i] = minuend[lenm-1-i] - '0';
        for(i=0; i<lenS; i++)
            cs[i] = subtrahend[lenS-1-i] - '0';
    }
    else
    {
        flag = 1; //结果为负数，此时要用subtrahend-minuend
        for(i=0; i<lenm; i++)
            cs[i] = minuend[lenm-1-i] - '0';
        for(i=0; i<lenS; i++)
            cm[i] = subtrahend[lenS-1-i] - '0';
    }
    for(i=0; i<lenmin; i++) //减法运算过程
    {
        if(cm[i] >= cs[i])
            cd[i] = cm[i] - cs[i];
        else
        {
            cd[i] = cm[i] + 10 - cs[i];
```

```
            --cm[i+1];
        }
    }
    len = lenm>lenS? lenm : lenS;
    while(i < len)
    {
        if(cm[i] >= 0)
            cd[i] = cm[i];
        else
        {
            cd[i] = cm[i] + 10;
            --cm[i+1];
        }
        i++;
    }
    while(cd[i-1] == 0)
        i--;
    j = 0;
    if(flag == 1)  /*如果被减数小于减数，返回一个负数*/
        difference[j++] = '-';
    for(k=i-1; k>=0; k--,j++)  /*逆序存储两数之差到字符串 sum*/
        difference[j] = cd[k] + '0';
    difference[j] = '\0';
}

void MultiplicationInt(char *multiplicand,
  char *multiplier, char *product)
{
    int cd[MAXLEN] = {0};
    int cr[MAXLEN] = {0};
    int cp[MAXLEN] = {0};
    DataType tcp[MAXLEN] = "";
    int lenD=strlen(multiplicand), lenR=strlen(multiplier);
    int i, j, k;
    int carry;
    int mul = 0;
    for(i=0; i<lenD; i++)
        cd[i] = multiplicand[lenD-1-i] - '0';
    for(i=0; i<lenR; i++)
        cr[i] = multiplier[lenR-1-i] - '0';
    strcpy(product, "0"); /*先使 product 的值为 0*/
    for(i=0; i<lenR; i++) /*乘法运算过程*/
    {
        carry = 0;  /*进位*/
        for(j=0; j<lenD; j++)
        {
            mul = cd[j]*cr[i] + carry;
            cp[j] = mul % 10;
            carry = mul / 10;
        }
```

```
    if(carry > 0)
        cp[j++] = carry;
    while(cp[j-1] == 0)
        --j;
    for(k=0; k<j; k++)
        tcp[k] = cp[j-1-k] + '0';
    for(j=0; j<i; j++)
        tcp[k++] = '0';
    tcp[k] = '\0';
    AdditionInt(product, tcp, product);
  }
}

void DivisionInt(char *dividend, char *divisor,
  char *quotient, char *remainder)
{
   char buf[2] = "0";
   int i, j, s, k;
   if(Compare(dividend,divisor) == 0)
   {
      strcpy(quotient, "1");
      strcpy(remainder, "0");
      return;
   }
   if(strcmp(divisor,"0")==0 || Compare(dividend,divisor)<0)
   {
      strcpy(quotient, "0");
      strcpy(remainder, dividend);
      return;
   }
   strcpy(remainder, "");  /*先使 remainder 的值为空*/
   for(i=0,k=0; dividend[i]!='\0'; i++)/*除法运算过程*/
   {
      s = 0;
      buf[0] = dividend[i];
      strcat(remainder, buf);
      while(Compare(remainder,divisor) >= 0)
      {
         s++;
         SubtrationInt(remainder, divisor, remainder);
      }
      quotient[k++] = s + '0';
      if(strcmp(remainder,"0") == 0)
         strcpy(remainder, "");
   }
   quotient[k] = '\0';
   for(i=0; quotient[i]=='0'; i++) //去掉多余的 0
      ;
   for(j=i; j<=k; j++)
      quotient[j-i] = quotient[j];
```

```
}

int Radix(char *tostr, char *fromstr)
  //去掉原字符串的小数点，把浮点数转化成整数后，存储到新的字符串中
{
    int i=0, j=0, len;
    while(fromstr[i]!='.' && fromstr[i]!='\0')
        tostr[j++] = fromstr[i++];
    len = i++;     //跳过小数点，并记录该位置
    while(fromstr[i] != '\0')
        tostr[j++] = fromstr[i++];
    return i-len-1;
}
```

4. 运行结果

程序的运行结果如图 9.5 所示。

图 9.5　大整数的计算

问题 6　魔　方　阵

1. 问题描述

魔方阵，古代又称“纵横图”，是指组成元素为自然数 1、2、…、n 的平方的 n×n 的方阵。其中，每个元素值都不相等，且每行、每列以及主、副对角线上各 n 个元素之和都相等，如图 9.6 所示。

6	1	8
7	5	3
2	9	4

(a) 三阶魔方阵

15	8	1	24	17
16	14	7	5	23
22	20	13	6	4
3	21	19	12	10
9	2	25	18	11

(b) 五阶魔方阵

图 9.6　魔方阵

2. 任务要求

(1) 输入魔方阵的行数 n，要求 n 为奇数，程序对所输入的 n 做简单的判断，如 n 为偶数，给出适当的提示信息。

(2) 生成魔方阵(从自然数 1 开始填数，直到 n^2)。

(3) 输出魔方阵 A。

3. 分析与实现

(1) 由 1 开始填数，将 1 放置在第 0 行中间位置。

(2) 将魔方阵想象成上下、左右相接，每次往左上角走一步，会有下列情况。

① 左上角超出上方边界，则在最下边相对应的位置填入下一个数字。

② 左上角超出左边边界，则在最右边相对应的位置填入下一个数字。

③ 如果按上述方法找到的位置已填入数据，则在同一列下一行填入下一个数字。

某一位置(x, y)的左上角位置是(x−1, y−1)，如果 x−1>=0，不用调整，否则将其调整为(x−1+n)；同理，如果 y−1>=0，不用调整，否则将其调整为(y−1+n)。所以，位置(x, y)的左上角的位置可以用求模的方法获得，即：

```
x = (x-1+n) % n;                /* 求左上角位置的行号 */
y = (y-1+n) % n;                /* 求左上角位置的列号 */
```

如果所求的位置已经有数据了，将该数据填入同一列下一行的位置。这里需要注意的是，此时的 x 和 y 已经变成先前的上一行上一列了，如果想变回先前的位置的下一行同一列，x 需要跨越两行，y 需要跨越一列，即：

```
x = (x+2) % n;
y = (y+1) % n;
```

完整的程序代码如下：

```
#include <stdio.h>

void MagicSquare(int a[][20], int n) {
    int x=0, y=n/2;
    a[x][y] = 1;
    for (int i=2; i<=n*n; i++) {
        x = (x-1+n) % n;
        y = (y-1+n) % n;
        if (a[x][y] > 0) {
            x = (x+2) % n;
            y = (y+1) % n;
        }
        a[x][y] = i;
    }
}

void Print(int a[][20], int n) {
```

```
    int i, j;
    for (int i=0; i<n; i++) {
        for (int j=0; j<n; j++)
            printf("%5d", a[i][j]);
        printf("\n");
    }
}

int main() {
    int a[20][20] = {0};
    int t=1, n;
    while (t) {
        printf("请输入所求魔方阵的阶数 M(0<M<20 且 M 为奇数)\n");
        scanf("%d", &n);
        if (n<=0 || n>20)
            printf("魔方阵的阶数 M 应该大于 0 并且小于 20! \n");
        else if (n%2 == 0)
            printf("魔方阵的阶数 M 应该为奇数! \n");
        else
            t = 0;
    }
    MagicSquare(a, n);
    Print(a, n);
}
```

4. 运行结果

程序的运行结果如图 9.7 所示。

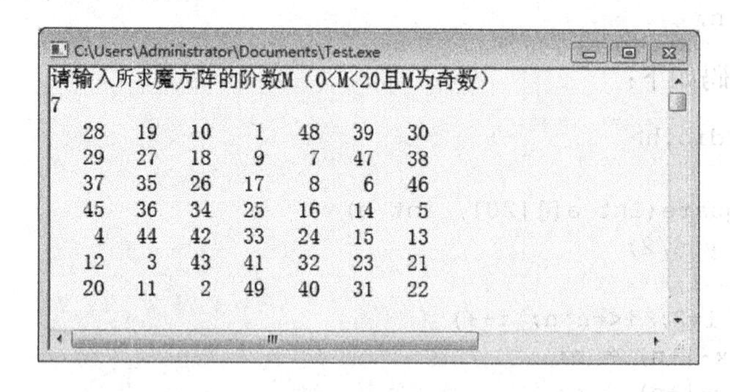

图 9.7　魔方阵程序的运行结果

问题 7　本科生导师制问题

1. 问题描述

在高校的教学中，有很多学校实行了本科生导师制。一个班级的学生被分给几个导师，每个导师带 n 个学生，如果该导师还带研究生，那么研究生也可直接带本科生。

本科生导师制问题中的数据元素具有如下形式。

(1) 导师带研究生：

```
(导师,((研究生1,(本科生1,...,本科生m1)),
((研究生2,(本科生1,...,本科生m2))...))
```

(2) 导师不带研究生：

```
(导师,(本科生1,...,本科生m))
```

以上数据结构可以采用广义表形式来实现。

导师的属性只包括姓名、职称；研究生的属性只包括姓名、班级；本科生的属性只包括姓名、班级。

2. 任务要求

完成以下功能模块。

(1) 定义数据结构。

(2) 建立广义表。

(3) 输出。

(4) 插入。

(5) 删除。

(6) 查询。

(7) 统计。

3. 分析与实现

(1) 定义导师、学生节点的结构体：

```
#include "consts.h"
typedef struct GLNode {
   char name[100];       /* 教师或学生的姓名 */
   char prof[100];       /* 教师节点表示职称，学生节点表示班级 */
   int type;             /* 节点类型：0-教师，1-研究生，2-本科生 */
   struct { struct GLNode *hp, *tp; } ptr;
     /* hp 指向同级的下一节点，tp 指向下级的首节点 */
} GList;
```

(2) 建立广义表：

```
GList* GListCreate(char *str) {
   GList *head, *p, *q, *m, *a;
     /* 简要介绍：head 指向头节点，不变；p 指向导师节点；q 指向研究生节点；
       a 指向本科生节点；m 指向新建立的节点 */
   int i=0, j=0, flag=0, flag1=0, flag2=0, len=strlen(str);
   head = p = q = m = a = NULL;
   while(i < len) {
      if(str[i]==')' || str[i]=='(' || str[i]==','|| str[i]==')'
        || str[i]=='(' || str[i]==', ') {
           i++;
           continue;
      } else {
```

```
            if(!(m=(GList*)malloc(sizeof(GList)))) exit(1);
            for(j=0; str[i]!='-'; )    /* 将字符串中的学生信息转化成学生节点 */
               m->name[j++] = str[i++];
            m->name[j] = '\0';
            for(j=0,++i; str[i]!='-'; )
               m->prof[j++] = str[i++];
            m->prof[j] = '\0';
            m->type = str[++i] - 48;
            m->ptr.hp = m->ptr.tp = NULL;
            i++;
            if(m->type == 0) {          /* 导师节点的处理 */
               if(flag) {
                  p->ptr.hp = m;        /* 非首节点 */
                  p = m;
               } else {
                  head = p = m;         /* 首节点的处理 */
                  flag = 1;
               }
               flag1 = 0;
               a = q = m;     /* a 在此等于 m，主要是处理本科生直属于导师的情况 */
            } else if(m->type == 1) {  /* 研究生节点 */
               if(flag1) {
                  q->ptr.hp = m;        /* 非首节点的处理 */
                  q = m;
               } else {
                  q->ptr.tp = m;        /* 首节点的处理 */
                  q = m;
                  flag1 = 1;
               }
               flag2 = 0;
               a = m;
            } else {                    /* 本科生节点 */
               if(flag2) {
                  a->ptr.hp = m;        /* 非首节点的处理 */
                  a = m;
               } else {
                  a->ptr.tp = m;        /* 首节点的处理 */
                  a = m;
                  flag2 = 1;
               }
            }
         }
      }
   return head;
}
```

(3) 输出广义表：

```
void GListPrint(GList *head) {
   GList *p, *q, *a;    /* 与 GListCreate 函数中的指向一样 */
   int flag=0, flag1=0, flag2=0;
```

```
    p = head;
    printf("(");
    while(TRUE) {  /* 导师范畴 */
        if(p == NULL) break;
        if(flag)
            printf(",(%s-%s-%d", p->name, p->prof, p->type);
        else {
            printf("(%s-%s-%d", p->name, p->prof, p->type);
            flag = 1;
        }
        q = p->ptr.tp;
        flag2 = flag1 = 0;
        while(TRUE) { /* 研究生或本科生范畴 */
            if(q == NULL) break;
            if(flag1)
            if(q->type == 1)
                printf(",(%s-%s-%d", q->name, q->prof, q->type);
            else
                printf(",%s-%s-%d", q->name, q->prof, q->type);
            else {
                printf(",(%s-%s-%d", q->name, q->prof, q->type);
                flag1 = 1;
            }
            a = q->ptr.tp;
            flag2 = 0;
            while(TRUE){ /* 本科生范畴 */
                if(a == NULL) break;
                if(flag2)
                    printf(",%s-%s-%d", a->name, a->prof, a->type);
                else {
                    printf(",(%s-%s-%d", a->name, a->prof, a->type);
                    flag2 = 1;
                }
                a = a->ptr.hp;
            }
            if(flag2) printf(")");
            if(q->type==1 || (q->ptr.hp==NULL))
                printf(")");
            q = q->ptr.hp;
        }
        printf(")");
        p = p->ptr.hp;
    }
    printf(")\n");
}
```

(4) 插入学生：

```
GList* StudentInsert(GList *head) {
    char slen[100], teacher[100], graduate[100];
    GList *Slen, *p, *q;
```

```
int i, j;
p = head;
printf("请输入待插入学生信息, 如:李刚-二班-1\n");
scanf("%s", slen);
if(!(Slen =(GList*)malloc(sizeof(GList))))
   exit(1);
for(i=0,j=0; slen[i]!='-'; )
   Slen->name[j++] = slen[i++];
Slen->name[j] = '\0';
for(j=0,++i; slen[i]!='-'; )
   Slen->prof[j++] = slen[i++];
Slen->prof[j] = '\0';
Slen->type = slen[++i] - 48;
Slen->ptr.hp = Slen->ptr.tp = NULL;
if(Slen->type == 2) {
   printf("请输入所属导师:\n");
   scanf("%s", teacher);
   while(strcmp(p->name, teacher)) {
      p = p->ptr.hp;
      if(p == NULL) break;
   }
   if(p == NULL)
      printf("不存在此导师!\n");
   else {
      if(p->ptr.tp==NULL || p->ptr.tp->type==2) {
         Slen->ptr.hp = p->ptr.tp;
         p->ptr.tp = Slen;
         printf("插入成功! \n");
      } else {
         printf("请输入所属研究生:\n");
         scanf("%s", graduate);
         q = p->ptr.tp;
         while(strcmp(q->name, graduate)) {
            q = q->ptr.hp;
            if(q == NULL) break;
         }
         if(q == NULL)
            printf("该研究生不存在,不能插入!\n");
         else {
            Slen->ptr.hp = q->ptr.tp;
            q->ptr.tp = Slen;
            printf("插入成功! \n");
         }
      }
   }
} else {
   printf("请输入所属导师:\n");
   scanf("%s", teacher);
   while(strcmp(p->name, teacher)) {
      p = p->ptr.hp;
```

```
        if(p == NULL) break;
    }
    if(p == NULL)
        printf("不存在此导师!\n");
    else {
        if(p->ptr.tp==NULL || p->ptr.tp->type==1) {
            Slen->ptr.hp = p->ptr.tp;
            p->ptr.tp = Slen;
            printf("插入成功! \n");
        } else {
            Slen->ptr.tp = p->ptr.tp;
              /* printf("该导师只能带本科生，因此不能将研究生插入! \n"); */
            p->ptr.tp = Slen;
        }
    }
  }
  printf("\n");
  return head;
}
```

(5)　删除学生：

```
GList* StudentDelete(GList *head) {
  char slen[100];
  GList *Slen, *p, *q, *a, *m;
  int i, j;
  int flag = FALSE; /* 标记是否删除成功 */
  char ch;
  p = head;
  printf("请输入待删除学生信息，如:李刚-二班-1\n");
  scanf("%s", slen);
  if(!(Slen=(GList*)malloc(sizeof(GList)))) exit(1);
  for(i=0,j=0; slen[i]!='-'; )
     Slen->name[j++] = slen[i++];
  Slen->name[j] = '\0';
  for(j=0,++i; slen[i]!='-'; )
     Slen->prof[j++] = slen[i++];
  Slen->prof[j] = '\0';
  Slen->type = slen[++i] - 48;
  if(Slen->type == 2) {
     while(p!=NULL && flag==FALSE) {
        q = p->ptr.tp;
        if(q->type == 2) {
           m = q;
           while(q!=NULL && flag==FALSE) {
              if(!strcmp(q->name,Slen->name)
                && !strcmp(q->prof,Slen->prof)) {
                 printf("是否要删除这名本科学生: \n");
                 printf("学生: %6s %6s ,导师: %6s %6s\n",
                   Slen->name, Slen->prof, p->name, p->prof);
                 printf("y 删除,n 不删除\n");
```

```
          scanf("%c", &ch);
          if(ch=='y' || ch=='Y') {
            if(p->ptr.tp == q)
              p->ptr.tp = q->ptr.hp;
          else
            m->ptr.hp = q->ptr.hp;
          free(q); /* 释放q */
          printf("删除成功! \n");
        }
        flag = TRUE;
      } else {
        m=q; q=q->ptr.hp;
      }
    }
  } else if(q->type == 1)
    while(q!=NULL && flag==FALSE) {
      a = q->ptr.tp;
      m = a;
      while(a!=NULL && flag==FALSE) {
        if(!strcmp(a->name,Slen->name)
         &&!strcmp(a->prof,Slen->prof)) {
          printf("是否要删除这名学生: \n");
          printf("学生: %6s %6s\n", Slen->name, Slen->prof);
          printf("导师: %6s %6s\n", p->name, p->prof);
          printf("研究生: %6s %6s\n", q->name, q->prof);
          printf("y删除,n不删除");
          getchar();
          scanf("%c", &ch);
          if(ch=='y' || ch=='Y') {
            if(q->ptr.tp == a)
              q->ptr.tp = a->ptr.hp;
            else
              m->ptr.hp = a->ptr.hp;
            free(q); /* 释放q */
            printf("删除成功! \n");
          }
          flag = TRUE;
        } else {
          m = a;
          a = a->ptr.hp;
        }
      }
      q = q->ptr.hp;
    }
    p = p->ptr.hp;
  }
} else {
  while(p!=NULL && flag==FALSE) {
    q = p->ptr.tp;
    m = q;
```

```
        while(q!=NULL && flag==FALSE) {
            if(!strcmp(q->name,Slen->name)
              && !strcmp(q->prof,Slen->prof)) {
                if(q->ptr.tp != NULL) {
                    printf("研究生下面有本科生，如果想删除，
                        须先把本科生移到其他研究生组才可以!\n");
                    flag = 1;
                } else {
                    printf("是否要删除这名研究生: \n");
                    printf("研究生: %6s %6s ,导师: %6s %6s\n",
                      Slen->name, Slen->prof, p->name, p->prof);
                    printf("y 删除,n 不删除");
                    getchar();
                    scanf("%c", &ch);
                    if(ch=='y' || ch=='Y') {
                        if(p->ptr.tp == q)
                            p->ptr.tp = q->ptr.hp;
                        else
                            m->ptr.hp = q->ptr.hp;
                        free(q); /* 释放 q */
                        printf("删除成功! \n");
                    }
                    flag = TRUE;
                }
            } else {
                m = q;
                q = q->ptr.hp;
            }
        }
        p = p->ptr.hp;
    }
  }
  if(!flag) printf("查无此人!\n");
  printf("\n");
  return head;
}
```

(6) 查询信息:

```
void Inquire(GList *head) {
   char slen[100];
   GList *p, *q, *a, *m;
   int flag = FALSE;
   p = head;
   printf("\n 请输入待查人员信息, 如:李刚\n");
   scanf("%s", slen);
   while(p != NULL) {
      q = p->ptr.tp;
      if(!strcmp(p->name, slen)) {
         flag = TRUE;
         printf("\n 本人信息:姓名:%s 职称:%s 类型:导师\n", p->name, p->prof);
```

```
    }
    if(q->type == 2) { /* 该导师直接带本科生 */
      a = q;
      while(a != NULL) {
        if(!strcmp(a->name, slen)) {
          printf("\n本人信息:姓名:%s 班级:%s 类型:本科生\n",
            a->name, a->prof);
          printf("导师信息:姓名:%s 职称:%s\n", p->name, p->prof);
          flag = TRUE;
        }
        m = a;
        a = a->ptr.hp;
      }
    } else {
      while(q != NULL) {
        m = q;
        a = q->ptr.tp;
        if(!strcmp(q->name, slen))
        {
          printf("\n本人信息:姓名:%s 班级:%s 类型:研究生\n",
            q->name, q->prof);
          printf("导师信息:姓名:%s 职称:%s\n", p->name, p->prof);
          flag = TRUE;
        }
        while(a != NULL) {
          if(!strcmp(a->name, slen)) {
            printf("\n本人信息:姓名:%s 班级:%s 类型:本科生\n",
              a->name, a->prof);
            printf("导师信息:姓名:%s 职称:%s\n", p->name, p->prof);
            printf("研究生信息:姓名:%s 班级:%s\n",
              q->name, q->prof);
            flag = 1;
          }
          m = a;
          a = a->ptr.hp;
        }
        q = q->ptr.hp;
      }
    }
    p = p->ptr.hp;
  }
  if(!flag) printf("查无此人!\n");
  printf("\n");
}
```

(7) 统计导师的研究生、本科生人数:

```
void StudentCount(GList *head) {
  char teacher[100];
  GList *p, *q, *a;
  int Gra=0, Ugra=0;
```

```
    p = head;
    printf("请输入老师姓名:\n");
    scanf("%s", teacher);
    while(strcmp(p->name, teacher)) {
        p = p->ptr.hp;
        if(p == NULL) break;
    }
    if(p == NULL) printf("不存在该导师! \n");
    else {
        q = p->ptr.tp;
        while(q != NULL) {
            Gra++;
            a = q->ptr.tp;
            while(a != NULL) {
                Ugra++;
                a = a->ptr.hp;
            }
            q = q->ptr.hp;
        }
        if(p->ptr.tp->type == 1) {
            printf("研究生人数:  %d\n", Gra);
            printf("本科生人数:  %d\n", Ugra);
        }
        else
            printf("本科生人数:  %d\n", Ugra);
    }
    printf("\n");
}
```

(8) 菜单函数:

```
void Menu() {
    printf("**********************************************************\n");
    printf("1.%35s\n", "建立广义表");
    printf("2.%35s\n", "插入学生");
    printf("3.%35s\n", "删除学生");
    printf("4.%35s\n", "查询信息");
    printf("5.%35s\n", "统计导师的研究生、本科生人数");
    printf("6.%35s\n", "输出广义表");
    printf("7.%35s\n", "退出");
    printf("**********************************************************\n");
}
int main(int argc, char *argv[]) {
    GList *Head;
    char str[100];
    int choice;
    while(TRUE) {
        Menu();
        scanf("%d", &choice);
        switch(choice) {
        case 1:
```

```
        printf("请输入您想建立的标准广义表,例如:((高老师-教授-0,(李平-一班-2,
         杨梅-二班-2)),(李平-博士-0,(李平-三班-1, (李平-四班-2))))\n");
        scanf("%s", str);
        Head = GListCreate(str);
        break;
    case 2: Head = StudentInsert(Head); break;
    case 3: Head = StudentDelete(Head); break;
    case 4: Inquire(Head); break;
    case 5: StudentCount(Head); break;
    case 6: GListPrint(Head); break;
    case 7: return 0;
  }
}
```

4. 运行结果

运行结果如图 9.8 所示。

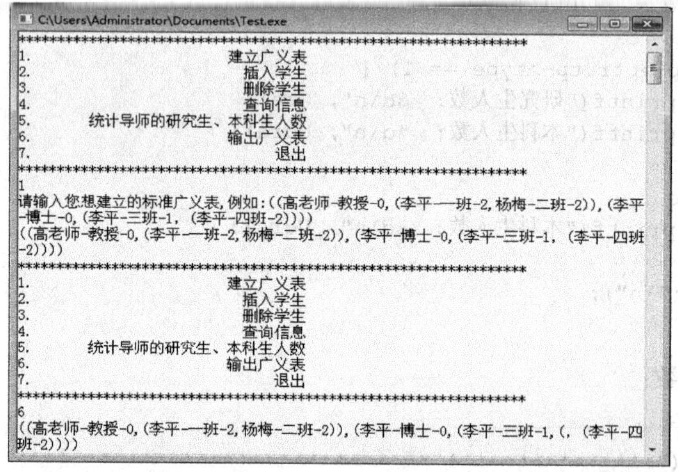

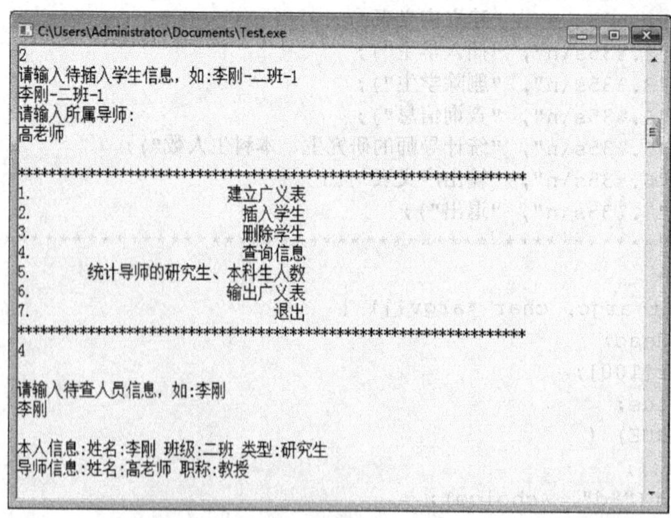

图 9.8　本科生导师制程序的运行结果

问题8 电文的编码和译码

1. 问题描述

从键盘接收一串电文字符，输出对应的 Huffman 编码。同时，能翻译由 Huffman 编码生成的代码串，输出对应的电文字符串。

2. 任务要求

(1) 构造一棵 Huffman 树。

(2) 实现 Huffman 编码，并用 Huffman 编码生成的代码串进行译码。

3. 分析与实现

由 Huffman 树求得的编码是最优前缀码。给出字符集和各个字符的概率分布，构造 Huffman 树，将 Huffman 树中每个分支节点的左分支标 0，右分支标 1，将根到每个叶子路径上的标号连起来，就是该叶子所代表的字符编码。

(1) 定义数据结构：

```
typedef char DataType;
#define MAXNUM 50
typedef struct { /* 哈夫曼树节点的结构 */
   DataType data; /* 数据用字符表示 */
   int weight;   /* 权值 */
   int parent;
   int left;
   int right;
} HuffNode;
typedef struct { /* 哈夫曼编码的存储结构 */
   DataType cd[MAXNUM]; /* 存放编码位串 */
   int start;
} HuffCode;
```

(2) 构造 Huffman 树：

```
int HuffmanCreate(HuffNode *ht) {
   int i, k, n, m1, m2, p1, p2;
   printf("请输入元素个数：");
   scanf("%d",&n);
   for (i=1; i<=n; i++) {
      getchar();
      printf("第%d 个元素的=>\n\t 节点值：", i);
      scanf("%c", &ht[i].data);
      printf("\t 权  重：");
      scanf("%d", &ht[i].weight);
   }
   for (i=1; i<=2*n-1; i++)
      ht[i].parent = ht[i].left = ht[i].right = 0;
   for (i=n+1; i<=2*n-1; i++) {
```

```
        m1 = m2 = 32767;
        p1 = p2 = 1;
        for (k=1; k<=i-1; k++)
            if (ht[k].parent == 0)
                if (ht[k].weight < m1) {
                    m2 = m1;
                    p2 = p1;
                    m1 = ht[k].weight;
                    p1 = k;
                } else if(ht[k].weight<m2) {
                    m2 = ht[k].weight;
                    p2 = k;
                }
        ht[p1].parent = i;
        ht[p2].parent = i;
        ht[i].weight = m1 + m2;
        ht[i].left = p1;
        ht[i].right = p2;
    }
    printf("哈夫曼树已成功建立! \n");
    return n;
}
```

(3) 编码:

```
void Encoding(HuffNode ht[], HuffCode hcd[], int n) {
    HuffCode d;
    int i, k, f, c;
    for (i=1; i<=n; i++) {
        d.start = n + 1;
        c = i;
        f = ht[i].parent;
        while (f != 0) {
            if (ht[f].left == c)
                d.cd[--d.start] = '0';
            else
                d.cd[--d.start] = '1';
            c = f;
            f = ht[f].parent;
        }
        hcd[i] = d;
    }
    printf("输出哈夫曼编码: \n");
    for (i=1; i<=n; i++) {
        printf("%c:", ht[i].data);
        for (k=hcd[i].start; k<=n; k++)
            printf("%c", hcd[i].cd[k]);
        printf("\n");
    }
}
```

(4) 译码：

```
void Decoding(HuffNode ht[], HuffCode hcd[], int n) {
   int f, m, k;
   DataType c, ch[200];
   printf("请输入电文(0 or 1)，以#为结束标志：\n");
   c = getchar();
   k = 1;
   while(c != '#') {
      ch[k] = c;
      c = getchar();
      k = k + 1;
   }
   m = k;
   f = 2*n - 1;
   k = 1;
   printf("输出哈夫曼译码：\n");
   while (k < m) {
      while (ht[f].left != 0) {
         if (ch[k] == '0')
            f = ht[f].left;
         if (ch[k] == '1')
            f = ht[f].right;
         k++;
      }
      printf("%c", ht[f].data);
      f = 2*n - 1;
   }
   printf("\n");
}
```

(5) 主模块：

```
int main(int argc, char *argv[]) {
   int n, select, flag=0;
   HuffNode ht[2*MAXNUM];
   HuffCode hcd[MAXNUM];
   while(1) {
      printf("\t 请选择您所要实现的功能：(请输入1-4数字)\n");
      printf("\t1---建立哈夫曼树\n");
      printf("\t2---编码\n");
      printf("\t3---译码\n");
      printf("\t4---退出系统\n");
      scanf("%d", &select);
      if (select!=1 && select!=4 && flag==0) {
         printf("请先建立哈夫曼树再选择其他功能！\n");
         continue;
      }
      flag = 1;
      switch(select) {
      case 1:
```

```
            n = HuffmanCreate(ht);
            break;
        case 2:
            Encoding(ht, hcd, n);
            break;
        case 3:
            Decoding(ht, hcd, n);
            break;
        case 4:
            exit(0);
        }
    }
}
```

4. 运行结果

运行结果如图 9.9 所示。

```
C:\Users\Administrator\Documents\Test.exe
          请选择您所要实现的功能：（请输入1-4数字）
        1---建立哈夫曼树
        2---编码
        3---译码
        4---退出系统
1
请输入元素个数：4
第1个元素的=>
        结点值：A
        权  重：2
第2个元素的=>
        结点值：B
        权  重：7
第3个元素的=>
        结点值：C
        权  重：4
第4个元素的=>
        结点值：D
        权  重：6
哈夫曼树已成功建立！
          请选择您所要实现的功能：（请输入1-4数字）
        1---建立哈夫曼树
        2---编码
        3---译码
        4---退出系统
```

```
C:\Users\Administrator\Documents\Test.exe
2
输出哈夫曼编码：
A:110
B:0
C:111
D:10
          请选择您所要实现的功能：（请输入1-4数字）
        1---建立哈夫曼树
        2---编码
        3---译码
        4---退出系统
3
请输入电文(0 or 1)，以#为结束标志：
101101110010100111101#
输出哈夫曼译码：
DACBBDDBCBA
          请选择您所要实现的功能：（请输入1-4数字）
        1---建立哈夫曼树
        2---编码
        3---译码
        4---退出系统
4
```

图 9.9　电文的编码和译码

问题 9　家族关系查询系统

1. 问题描述

建立家族关系数据库，实现对家族成员关系的相关查询。

2. 任务要求

(1) 建立家族关系并存储到文件中。
(2) 实现家族成员的添加。
(3) 查询家族成员的双亲、祖先、兄弟、孩子及后代信息。

3. 分析与实现

(1) 节点基本数据结构的定义及常量：

```
#define TRUE 1
#define FALSE 0
#define OK 1
#define ERROR -1
#define MAXNUM 20
typedef char DataType;

typedef struct TriTNode /* 树的三叉链表存储结构 */
{
    DataType data[MAXNUM];
    struct TriTNode *parent;  /* 双亲 */
    struct TriTNode *lchild;  /* 左孩子 */
    struct TriTNode *rchild;  /* 右孩子 */
} TriTree;
typedef struct Node  /* 队列的节点结构 */
{
    TriTree *info;
    struct Node *next;
} Node;
typedef struct  /* 链接队列类型定义 */
{
    struct Node *front;          /* 头指针 */
    struct Node *rear;           /* 尾指针 */
} LinkQueue;
DataType fname[MAXNUM], family[50][MAXNUM];  /* 全局变量 */
```

(2) 队列的基本操作：

```
LinkQueue* LQueueCreateEmpty() /* 建立一个空队列 */
{
    LinkQueue *plqu = (LinkQueue*)malloc(sizeof(LinkQueue));
    if (plqu != NULL) plqu->front = plqu->rear = NULL;
    else
    {
```

```
        printf("内存不足! \n");
        return NULL;
    }
    return plqu;
}

int LQueueIsEmpty(LinkQueue *plqu) /* 判断链接表示队列是否为空队列 */
{
    return (plqu->front == NULL);
}

void LQueueEnQueue(LinkQueue *plqu, TriTree *x) /* 进队列 */
{
    Node *p = (Node*)malloc(sizeof(Node));
    if(p == NULL)
        printf("内存分配失败! \n");
    else
    {
        p->info = x;
        p->next = NULL;
        if(plqu->front == NULL) /* 原来为空队 */
            plqu->front = p;
        else
            plqu->rear->next = p;
        plqu->rear = p;
    }
}

int LQueueDeQueue(LinkQueue *plqu, TriTree *x) /* 出队列 */
{
    Node *p;
    if(plqu->front == NULL)
    {
        printf("队列空! \n");
        return ERROR;
    }
    else
    {
        p = plqu->front;
        x = p->info;
        plqu->front = plqu->front->next;
        free(p);
        return OK;
    }
}

TriTree* LQueueGetFront(LinkQueue *plqu) /* 在非空队列中求队头元素 */
{
    return(plqu->front->info);
}
```

(3) 建立家族关系树：

```
TriTree* TriTreeCreate()
{
   TriTree *t, *x=NULL, *tree, *root=NULL;
   LinkQueue *q = LQueueCreateEmpty();
   /* 建立一个空的队列，存储指向树的指针 */
   int i=0, flag=0, start=0;
   DataType str[MAXNUM];        /* 存放family数组中的信息 */
   strcpy(str, family[i]);            /* 复制 */
   i++;                         /* family数组下标后移 */
   while(str[0] != '#')                /* 没遇到结束标志，继续循环 */
   {
      while(str[0] != '@')             /* 没遇到兄弟输入结束标志，继续循环 */
      {
         if(root == NULL)           /* 空树 */
         {
            root = (TriTree*)malloc(sizeof(TriTree)); /* 申请空间 */
            strcpy(root->data, str);
            root->parent = NULL;
            root->lchild = NULL;
            root->rchild = NULL;
            LQueueEnQueue(q, root);   /* 将root存入队列 */
            tree = root;
         }
         else                       /* 不为空树 */
         {
            t = (TriTree*)malloc(sizeof(TriTree)); /* 申请空间 */
            strcpy(t->data, str);
            t->lchild = NULL;
            t->rchild = NULL;
            t->parent = LQueueGetFront(q); /* 当前节点的双亲为队头元素 */
            LQueueEnQueue(q, t);      /* 入队 */
            if(!flag)                 /* flag为0，当前节点没有左孩子 */
               root->lchild = t;
            else                      /* flag为1，当前节点已有左孩子 */
               root->rchild = t;
            root = t;                 /* root指向新的节点t */
         }
         flag = 1;                    /* 标记当前节点已有左孩子 */
         strcpy(str, family[i]);
         i++;
      }
      if(start != 0)                  /* 标记不是第一次出现“@”*/
      {
         LQueueDeQueue(q, x);         /* 出队 */
         if(q->front != NULL)
            root = LQueueGetFront(q);  /* root为队头元素 */
      }
      start = 1;                     /* 标记已出现过“@”*/
```

```
        flag = 0;                            /* "@"后面的节点一定为左孩子 */
        strcpy(str, family[i]);
        i++;
    }
    return tree;                             /* 返回树 */
}
```

(4) 打开一个家族关系:

```
TriTree* Open(DataType familyname[MAXNUM])
{
    int i=0, j=0;
    DataType ch;
    FILE *fp;
    TriTree *t;
    strcpy(fname, familyname);               /* 以家族名为文本文件名存储 */
    strcat(fname, ".txt");
    fp = fopen(fname, "r");                  /* 以读取方式打开文件 */
    if(fp == NULL)                           /* 文件不存在 */
    {
        printf("%s 的家族关系不存在! \n", familyname);
        return NULL;
    }
    else
    {
        ch = fgetc(fp);                      /* 按字符读取文件 */
        while(ch != EOF)                     /* 读到文件尾结束 */
        {
            if(ch != '\n')                   /* ch 不为一个节点信息的结尾 */
            {
                family[i][j] = ch;           /* 将文件信息存储到 family 数组中 */
                j++;
            }
            else
            {
                family[i][j] = '\0';         /* 字符串结束标志 */
                i++;                         /* family 数组行下标后移 */
                j = 0;                       /* family 数组列下标归零 */
            }
            ch = fgetc(fp);                  /* 继续读取文件信息 */
        }
        fclose(fp);                          /* 关闭文件 */
        t = TriTreeCreate(family);           /* 调用函数建立三叉链表 */
        printf("家族关系已成功打开! \n");
        return t;
    }
}
```

(5) 建立家族关系并存入文件:

```
TriTree* Create(DataType familyname[MAXNUM]) {
    int i = 0;                      /* i 控制 family 数组的下标 */
```

```
    DataType ch, str[MAXNUM];   /* ch 存储输入的 y 或 n, str 存储输入的字符串 */
    TriTree *t;
    FILE *fp;
    strcpy(fname, familyname);  /* 以家族名为文本文件名存储 */
    strcat(fname, ".txt");
    fp = fopen(fname, "r");     /* 以读取方式打开文件 */
    if(fp)                      /* 文件已存在 */
    {
        fclose(fp);
        printf("%s 的家族关系已存在! 重新建立请按"Y",直接打开请按"N"\n",
                familyname);
        ch = getchar();
        getchar();              /* 接收回车 */
        if(ch=='N' || ch=='n')
        {
            t = Open(familyname); /* 直接打开 */
            return t;
        }
    }
    if(!fp || ch=='Y' || ch=='y') /* 重新建立,执行以下操作 */
    {
        fp = fopen(fname, "w");   /* 以写入方式打开文件,不存在则新建 */
        printf("请按层次输入节点,每个节点信息占一行\n");
        printf("兄弟输入结束以"@"为标志,结束标志为"#"\n. ");
        gets(str);
        fputs(str, fp);
        fputc('\n', fp);
        strcpy(family[i], str);   /* 将成员信息存储到字符数组中 */
        i++;                      /* family 数组下标后移 */
        while(str[0] != '#')
        {
            printf(". ");           /* 以点提示符提示继续输入 */
            gets(str);
            fputs(str, fp);         /* 写到文件中,每个信息占一行 */
            fputc('\n', fp);
            strcpy(family[i], str);/* 将成员信息存储到字符数组中 */
            i++;                    /* family 数组下标后移 */
        }
        fclose(fp);               /* 关闭文件 */
        t = TriTreeCreate();      /* 根据 family 数组信息创建三叉树 */
        printf("家族关系已成功建立! \n");
        return t;                 /* 返回树 */
    }
}
```

(6) 查找一个成员是否存在:

```
TriTree* Search(TriTree *t, DataType str[])
{
    TriTree *temp;
    if(t == NULL)               /* 如果树空,则返回 NULL */
```

```
        return NULL;
    else if(strcmp(t->data,str) == 0) /* 如果找到，返回该成员指针 */
        return t;
    else                        /* 如果没找到，遍历左右子树进行查找 */
    {
        temp = Search(t->lchild, str); /* 递归查找 */
        if(temp)                /* 节点不空则查找 */
            return(Search(t->lchild, str));
        else
            return(Search(t->rchild, str));
    }
}
```

(7) 向家族中添加一个新成员：

```
void Append(TriTree *t)
{
    int i=0, j, parpos=1, curpos, num, end=0, count=-1;
    DataType chi[MAXNUM], par[MAXNUM]; /* 存储输入的孩子和其双亲节点 */
    TriTree *tpar, *temp;
    FILE *fp;
    printf("请输入要添加的成员和其父亲，以回车分隔！\n. ");
    gets(chi);
    printf(". ");         /* 以点提示符提示继续输入 */
    gets(par);
    tpar = Search(t,par);  /* 查找双亲节点是否存在 */
    if(!tpar)
        printf("%s 该成员不存在！\n");
    else                  /* 存在则添加其孩子 */
    {
        temp = (TriTree*)malloc(sizeof(TriTree)); /* 申请空间 */
        temp->parent = tpar;
        strcpy(temp->data, chi);
        temp->lchild = NULL;              /* 新节点左右孩子置空 */
        temp->rchild = NULL;
        if(tpar->lchild)                /* 成员存在左孩子 */
        {
            tpar = tpar->lchild;          /* 遍历当前成员左孩子的右子树 */
            while(tpar->rchild)          /* 当前节点右孩子存在 */
                tpar = tpar->rchild;     /* 继续遍历右孩子 */
            tpar->rchild = temp;         /* 将新节点添加到所有孩子之后 */
        }
        else                         /* 没有孩子则直接添加 */
            tpar->lchild = temp;
        fp = fopen(fname, "w");         /* 以写入方式打开文件 */
        if(fp)
        {
            while(strcmp(par,family[i])!=0 && family[i][0]!='#')
            {
                if(family[i][0] != '@')         /* 查找双亲在数组中的位置 */
                    parpos++;              /* parpos 计数 */
```

```
        i++;                       /* family 数组行下标后移 */
    }
    i = 0;                         /* family 数组行下标归 0 */
    while(family[i][0] != '#')
    {
        if(family[i][0] == '@') /* 查找“@”的个数，第一个不计 */
            count++;              /* count 累加个数 */
        if(count == parpos)
          /* 说明此“@”与其前一个“@”之间为 par 的孩子 */
            curpos = i;           /* curpos 计当前位置 */
        i++;                      /* family 数组行下标后移 */
    }
    if(count < parpos)            /* “@”数小于 parpos 数 */
    {
        num = parpos - count;           /* 添加“@”个数为 num */
        for(j=i; j<=i+num; j++)       /* 从数组末尾添加“@” */
            strcpy(family[j], "@\0");
        strcpy(family[i+num+1], "#\0"); /* “#”移到数组末尾 */
        strcpy(family[i+num-1], chi);  /* 在最后一个“@”前添加新成员 */
        end = 1;                  /* end 为 1 时标记已添加 */
    }
    else
    {
        for(j=i; j>=curpos; j--)
          /* 当前位置到数组最后的全部信息后移一行 */
            strcpy(family[j+1], family[j]);
        strcpy(family[curpos], chi);   /* 将新节点存储到“@”的前一行 */
    }
    if(end == 1)          /* 若 end 为 1，则数组末尾下标后移 num 位 */
        i = i + num;
    for(j=0; j<=i+1; j++)          /* 将数组所有信息写入文件 */
    {
        fputs(family[j], fp);
        fputc('\n', fp);               /* 一个信息存一行 */
    }
    fclose(fp);                        /* 关闭文件 */
    printf("添加新成员成功！\n");
  }
  else
    printf("添加新成员失败！\n");
 }
}
```

(8) 查找一个家族的祖先：

```
void Ancesstor(TriTree *t)               /* 返回树的根节点信息 */
{
   printf("该家族的祖先为 %s\n", t->data);
}
```

(9) 查找一个成员的所有祖先：

```
void AncesstorPath(TriTree *t)
{
    if(t->parent == NULL)              /* 若该成员为祖先，则直接输出 */
        printf("%s 无祖先! \n", t->data);
    else                               /* 否则继续查找祖先 */
    {
        printf("%s 所有祖先路径: %s", t->data, t->data);
        while(t->parent != NULL) /* 若当前成员的双亲不是祖先，则继续查找 */
        {
            printf(" --> %s", t->parent->data);  /* 访问当前成员的双亲 */
            t = t->parent;                       /* 继续循环查找 */
        }
        printf("\n");
    }
}
```

(10) 查找一个成员的双亲：

```
void Parent(TriTree *t)
{
    if(t->parent != NULL)   /* 若该成员为祖先，则无双亲 */
        printf("%s 的双亲为 %s\n", t->data, t->parent->data);
    else
        printf("%s 无双亲! \n", t->data);
}
```

(11) 确定一个成员是第几代：

```
void Generation(TriTree *t) {
    int count = 1;          /* 计数 */
    DataType str[MAXNUM];
    strcpy(str, t->data);  /* 存储当前信息 */
    while(t->parent != NULL) /* 查找其双亲 */
    {
        count++;          /* 累加计数 */
        t = t->parent;
    }
    printf("%s 是第 %d 代! \n", str, count);
}
```

(12) 查找一个成员的兄弟：

```
void Brothers(TriTree *t, DataType str[]) {    /* 查找兄弟 */
    if(t->parent != NULL)       /* 若该节点是祖先，则无兄弟 */
    {
        t = t->parent;            /* 该节点的兄弟即为其双亲除该成员以外的所有孩子 */
        if(t->lchild && t->lchild->rchild)
          /* 当前节点的左孩子及其右孩子都存在 */
        {
            printf("%s 的所有兄弟有: ", str);
            t = t->lchild;
            while(t)              /* 遍历当前成员左孩子的右子树 */
```

```
        {
            if(strcmp(t->data,str) != 0)   /* 遍历右子树，选择输出 */
                printf("%s  ", t->data);  /* 访问当前节点 */
            t = t->rchild;
        }
        printf("\n");
    }
    else
        printf("%s 无兄弟! \n", str);
  }
  else
    printf("%s 无兄弟! \n", str);
}
```

(13) 查找一个成员的堂兄弟：

```
void Consin(TriTree *t) {
  int flag = 0;
  TriTree *ch = t;
  TriTree *temp;
  if(t->parent && t->parent->parent)  /* 当前节点的双亲及其双亲都存在 */
  {
    t = t->parent->parent->lchild;  /* 当前节点等于其祖先的第一个孩子 */
    while(t)                         /* 存在则继续查找 */
    {
      if(strcmp(t->data,ch->parent->data) != 0)  /* 不是同一节点 */
      {
        if(t->lchild)                /* 当前节点存在左孩子 */
        {
          temp = t->lchild;
          while(temp)               /* 遍历当前节点左孩子的右子树 */
          {
            if(strcmp(temp->data,ch->data) != 0)
            {
              if(!flag)    /* 第一次输入时先输出下句 */
              printf("%s 的所有堂兄弟有: ", ch->data);
              printf("%s  ", temp->data); /* 访问当前成员 */
              flag = 1;
            }
            temp = temp->rchild;   /* 继续遍历右孩子 */
          }
        }
      }
      t = t->rchild;                  /* 继续遍历右孩子 */
    }
    printf("\n");
  }
  if(!flag)          /* 标志没有输出节点 */
    printf("%s 无堂兄弟! \n", ch->data);
}
```

(14) 查找一个成员的所有孩子：

```
void Children(TriTree *t) {        /* 遍历左孩子 */
   if(t->lchild)                   /* 当前节点存在左孩子 */
   {
      printf("%s 的所有孩子有: ", t->data);
      t = t->lchild;               /* 遍历当前成员左孩子的右子树 */
      while(t)                     /* 不空 */
      {
         printf("%s  ", t->data); /* 访问当前成员 */
         t = t->rchild;
      }
      printf("\n");
   }
   else
      printf("%s 无孩子! \n", t->data);
}

/* 中序遍历一棵树 */
void InOrder(TriTree *t) {
   if(t)                     /* 二叉树存在 */
   {
      InOrder(t->lchild);    /* 中序遍历左子树 */
      printf("%s  ", t->data);  /* 访问成员 */
      InOrder(t->rchild);    /* 中序遍历右子树 */
   }
}
```

(15) 查找一个成员的子孙后代：

```
void Descendants(TriTree *t) {  /* 遍历左孩子 */
   if(t->lchild)               /* 当前节点存在左孩子 */
   {
      printf("%s 的所有子孙后代有: ", t->data);
      InOrder(t->lchild);  /* 中序遍历当前节点的左右子树 */
      printf("\n");
   }
   else
      printf("%s 无后代! \n", t->data);
}
```

(16) 测试主模块：

```
int main(int argc, char *argv[])
{
   DataType str[MAXNUM]="\0", input[40];
   int i, j, flag, start=0, pos, tag1, tag2;
   TriTree *temp, *tree=NULL;
   while(1)
   {
      printf("\t 欢迎使用家族关系查询系统! \n");
      printf("\t 请输入与之匹配的函数和参数, 如 parent(C)\n");
```

```
printf("\t 1.新建一个家庭关系:  Create(familyname) 参数为字符串 \n");
printf("\t 2.打开一个家庭关系:  Open(familyname)  参数为字符串 \n");
printf("\t 3.添加新成员的信息:   Append()           无参数 \n");
printf("\t 4.查找一个成员的祖先: Ancesstor(name)     参数为字符串 \n");
printf(
  "\t 5.查找一个成员的祖先路径: AncesstorPath(name)  参数为字符串 \n");
printf("\t 6.确定一个成员是第几代:   Generation(name) 参数为字符串 \n");
printf("\t 7.查找一个成员的双亲: Parent(name)         参数为字符串 \n");
printf("\t 8.查找一个成员的兄弟: Brothers(name)      参数为字符串 \n");
printf("\t 9.查找一个成员的堂兄弟: Consin(name)        参数为字符串 \n");
printf("\t10.查找一个成员的孩子:   Children(name)    参数为字符串 \n");
printf("\t11.查找一个成员的子孙后代: Descendants(name)参数为字符串 \n");
printf("\t12.退出系统:            Exit()             无参数\n? ");
gets(input);                  /* input 数组存放输入的函数和参数 */
j=0, tag1=0, tag2=0;
for(i=0; i<strlen(input); i++)   /* 循环 input 数组 */
{
    if(input[i] == '(')          /* 左括号之前为函数名 */
    {
        pos = i;          /* pos 标记左括号位置 */
        tag1 = 1;        /* 标记是否匹配到左括号 */
    }
    if(input[i+1] == ')')          /* 若下一个字符不为右括号 */
        tag2 = 1;         /* 标记为 1 */
    if(tag1==1 && tag2!=1)     /* 左括号和右括号之前为参数 */
    {
        str[j] = tolower(input[i+1]); /* 将参数存放到 str 数组 */
        j++;                           /* 并转化为小写字母 */
    }
    input[i] = tolower(input[i]);     /* 将函数名转化为小写字母 */
}
if(!tag1)           /* 若没匹配到左括号，说明只有函数无参数*/
    pos = i;        /* 标记为数组末尾 */
input[pos] = '\0'; /* 将标记位置为字符串结束 */
str[j] = '\0';
if(strcmp(input,"create\0") == 0) /* 函数名匹配 */
    flag = 1;                  /* 用 flag 标记 */
else if(strcmp(input,"open\0") == 0)
    flag = 2;
else if(strcmp(input,"append\0") == 0)
    flag = 3;
else if(strcmp(input,"ancesstor\0") == 0)
    flag = 4;
else if(strcmp(input,"ancesstorpath\0") == 0)
    flag = 5;
else if(strcmp(input,"parent\0") == 0)
    flag = 6;
else if(strcmp(input,"generation\0") == 0)
    flag = 7;
else if(strcmp(input,"brothers\0") == 0)
```

```
        flag = 8;
    else if(strcmp(input,"consin\0") == 0)
        flag = 9;
    else if(strcmp(input,"children\0") == 0)
        flag = 10;
    else if(strcmp(input,"descendants\0") == 0)
        flag = 11;
    else if(strcmp(input,"exit\0") == 0)
        flag = 12;
    else                    /* 无匹配则重新输入 */
    {
        printf("无匹配的函数，请重新输入！\n");
        continue;
    }
    if(!(flag==1 || flag==2 || flag==12) && start==0)
    { /* 如果第一次输入函数不是建立、打开或退出，则重新输入 */
        printf("请先建立或打开一个家族关系！\n");
        continue;
    }
    start = 1;              /* 标记不是第一次输入 input */
    if(flag>=4 && flag<=11)     /* 函数需要字符串型参数 name */
    {
        temp = Search(tree, str); /* 若存在，则返回节点 */
        if(!temp)               /* 若不存在则返回 */
        {
            printf("该成员不存在！\n");
            continue;
        }
    }
    switch(flag)            /* 根据 flag 标记调用函数 */
    {
        case 1:
            tree = Create(str); break;
        case 2:
            tree = Open(str); break;
        case 3:
            Append(tree); break;
        case 4:
            Ancesstor(tree); break;
        case 5:
            AncesstorPath(temp); break;
        case 6:
            Parent(temp); break;
        case 7:
            Generation(temp); break;
        case 8:
            Brothers(temp, str); break;
        case 9:
            Consin(temp); break;
        case 10:
```

```
            Children(temp); break;
        case 11:
            Descendants(temp); break;
        case 12:
            exit(OK);
        }
    }
    return 0;
}
```

4. 运行结果

运行结果如图9.10~图9.13所示。

```
C:\Documents and Settings\Administrator\My Documents\test.exe
        欢迎使用家族关系查询系统!
        请输入与之匹配的函数和参数, 如parent(C)
         1.新建一个家庭关系:         Create(familyname)    参数为字符串
         2.打开一个家庭关系:         Open(familyname)      参数为字符串
         3.添加新成员的信息:         Append()              无参数
         4.查找一个成员的祖先:       Ancestor(name)        参数为字符串
         5.查找一个成员的祖先路径:   AncestorPath(name)    参数为字符串
         6.确定一个成员是第几代:     Generation(name)      参数为字符串
         7.查找一个成员的双亲:       Parent(name)          参数为字符串
         8.查找一个成员的兄弟:       Brothers(name)        参数为字符串
         9.查找一个成员的堂兄弟:     Consin(name)          参数为字符串
        10.查找一个成员的孩子:       Children(name)        参数为字符串
        11.查找一个成员的子孙后代:   Descendants(name)     参数为字符串
        12.退出系统:                 Exit()                无参数
? Create(file)
请按层次输入结点, 每个结点信息占一行
兄弟输入结束以"@"为标志, 结束标志为"#"
. li
. @
. li1
. li2
. @
. li11
. li12
. @
. li21
. li22
. li23
. @
. #
家族关系已成功建立!
```

图9.10 家族关系查询(一)

```
C:\Documents and Settings\Administrator\My Documents\test.exe
        欢迎使用家族关系查询系统!
        请输入与之匹配的函数和参数, 如parent(C)
         1.新建一个家庭关系:         Create(familyname)    参数为字符串
         2.打开一个家庭关系:         Open(familyname)      参数为字符串
         3.添加新成员的信息:         Append()              无参数
         4.查找一个成员的祖先:       Ancestor(name)        参数为字符串
         5.查找一个成员的祖先路径:   AncestorPath(name)    参数为字符串
         6.确定一个成员是第几代:     Generation(name)      参数为字符串
         7.查找一个成员的双亲:       Parent(name)          参数为字符串
         8.查找一个成员的兄弟:       Brothers(name)        参数为字符串
         9.查找一个成员的堂兄弟:     Consin(name)          参数为字符串
        10.查找一个成员的孩子:       Children(name)        参数为字符串
        11.查找一个成员的子孙后代:   Descendants(name)     参数为字符串
        12.退出系统:                 Exit()                无参数
? Open(file)
家族关系已成功打开!
```

图9.11 家族关系查询(二)

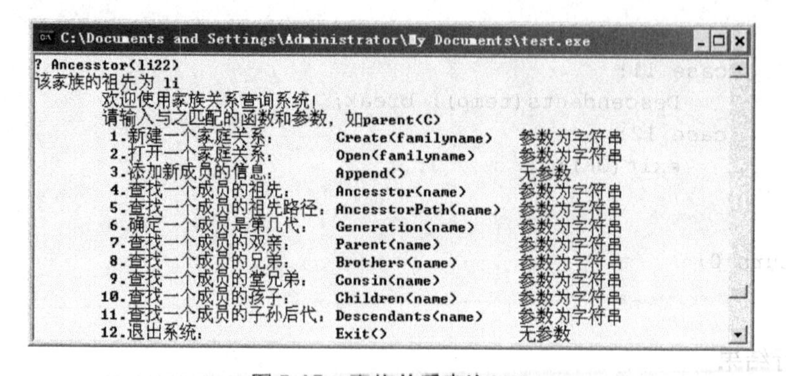

图 9.12　家族关系查询(三)

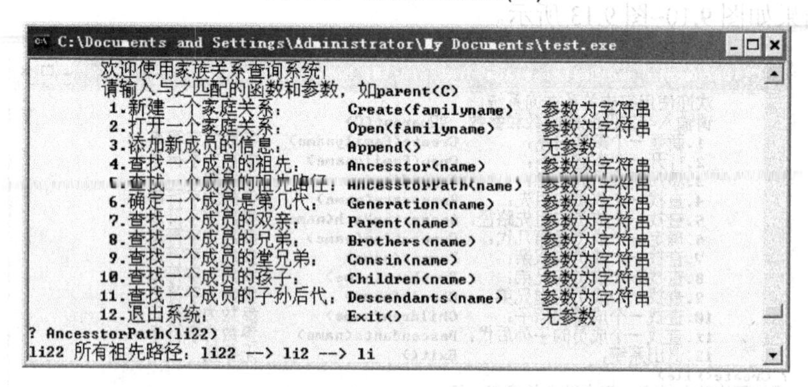

图 9.13　家族关系查询(四)

问题 10　地铁建设问题

1. 问题描述

在我国，大多数大中城市都通过修建地铁来缓解地面的交通压力，但由于修建地铁费用昂贵，因此，需要合理安排地铁的建设路线，使乘客可以沿地铁到达各个辖区，并使总的建设费用最小。

2. 任务要求

(1) 从包含各辖区的地图文件读入辖区名称和各辖区间的直接距离。

(2) 根据读入的各辖区信息，计算出应该建设哪些辖区间的地铁路线。

(3) 输出应该建设的地铁路线及所需建设的总里程信息。

3. 分析与实现

(1) 数据结构为无向图，无向图采用邻接矩阵作为存储结构。

(2) 根据问题的描述，需要求无向图的最小生成树，利用普里姆算法来实现。

(3) 在计算的过程中，除要读取和保存各顶点的名称，还要读入连接各顶点的边的权值。故定义常量、顶点名称及权值的数据类型如下：

```
#define MAXVEX 30
```

```
#define MAXNAME 20             /*顶点信息长度最大值*/
#define MAX 32767              /*若顶点间无路径，则以此最大值表示不通*/
typedef char VexType[MAXNAME]; /*顶点信息*/
typedef float AdjType;         /*两顶点间的权值信息*/
```

(4) 为表示连接两个顶点的边的信息，添加边的数据结构 Edge，以记录边的起始点和终止点及权值，定义如下：

```
typedef struct {                    /*边结构体*/
    int start_vex, stop_vex;        /*边的起点和终点*/
    AdjType weight;                 /*边的权*/
} Edge;
```

(5) 同时，应修改图的邻矩阵的数据结构，在无向图邻接矩阵存储结构的基础上，添加表示图中顶点数的整型变量 vexNum 和边数的整型变量 edgeNum，以及表示生成树各边的边结构体数组 mst。具体代码如下：

```
typedef struct {                /*图结构*/
    int vexNum;                 /*图的顶点个数*/
    int edgeNum;                /*图中边的数目*/
    Edge mst[MAXVEX-1];         /*用于保存最小生成树的边数组，只用到顶点数-1 条*/
    VexType vexs[MAXVEX];       /*顶点信息*/
    AdjType arcs[MAXVEX][MAXVEX];   /*边的邻接矩阵*/
} GraphMatrix;
```

(6) 在初始化图的过程中，要根据读入的顶点名称查找该顶点在图中的序号，故定义查找顶点的函数 LocateVex。具体代码如下：

```
int LocateVex(GraphMatrix *g, VexType u) {
  /*操作结果：若 g 中存在顶点 u，则返回该顶点在图中位置；否则返回-1*/
    int i;
    for (i=0; i<g->vexNum; ++i)
        if (strcmp(u,g->vexs[i]) == 0)
            return i;
    return -1;
}
```

(7) 在初始化图时，从地图文件(spaningtree.txt)中读入图的顶点和边数，接下来，读入顶点信息，然后依次读入地图中各对顶点及距离。具体代码如下：

```
void GraphInit(GraphMatrix *g) { /*用包含图的信息的文件初始化图*/
    int i, j, t;
    float w;  /*边的权值*/
    VexType va, vb;  /*用于定位图的顶点(字符串)在邻接矩阵中的下标*/
    FILE *fp;
    fp = fopen("spaningtree.txt", "r");
    fscanf(fp, "%d", &g->vexNum); /*读入图的顶点数和边数*/
    fscanf(fp,"%d", &g->edgeNum);
    for (i=0; i<g->vexNum; i++)    /*初始化邻接矩阵*/
        for (j=0; j<=i; j++)
            g->arcs[i][j] = g->arcs[j][i] = MAX;
    for (i=0; i<g->vexNum; i++)    /*从文件读入顶点信息*/
```

```
        fscanf(fp, "%s", g->vexs[i]);
    for (t=0; t<g->edgeNum; t++) { /*定位各边并赋权值*/
        fscanf(fp, "%s%s%f", va, vb, &w);
        i = LocateVex(g, va);
        j = LocateVex(g, vb);
        g->arcs[i][j] = g->arcs[j][i] = w;
    }
    fclose(fp);
}
```

(8) 接下来，利用普里姆算法，根据读入的信息求出该无向图的最小生成树，并将生成树各边的信息保存在边结构体数组 mst 中，具体代码如下：

```
void Prim(GraphMatrix *pgraph) { /* 用邻接矩阵求图的最小生成树 - 普里姆算法*/
    int i, j, min;
    int vx, vy; /*起始，终止点*/
    float weight, minweight;
    Edge edge;  /*用于交换边*/
    for (i=0; i<pgraph->vexNum-1; i++) { /*初始化最小生成树边的信息*/
        pgraph->mst[i].start_vex = 0; /*起始点为 0 号顶点*/
        pgraph->mst[i].stop_vex = i + 1; /*终止点为其他各顶点*/
        pgraph->mst[i].weight = pgraph->arcs[0][i+1];
          /*权值为 0 号顶点到其他各顶点的路径权值，无路径则为 MAX*/
    }
    for (i=0; i<pgraph->vexNum-1; i++) { /* 共 n-1 条边 */
        minweight=MAX;  min=i;
        for (j=i; j<pgraph->vexNum-1; j++)
          /* 从所有边(vx,vy)(vx∈U, vy∈V-U)中选出最短的边 */
            if(pgraph->mst[j].weight < minweight) {
                minweight = pgraph->mst[j].weight;
                min = j;
            }
        /* mst[min]是最短边(vx,vy)(vx∈U, vy∈V-U)，将 mst[min]加入最小生成树 */
        edge = pgraph->mst[min];
        pgraph->mst[min] = pgraph->mst[i];
        pgraph->mst[i] = edge;
        vx = pgraph->mst[i].stop_vex;  /* vx 为刚加入最小生成树的顶点的下标 */
        for (j=i+1; j<pgraph->vexNum-1; j++) {/* 调整 mst[i+1]到 mst[n-1]*/
            vy = pgraph->mst[j].stop_vex;
            weight = pgraph->arcs[vx][vy];
            if (weight < pgraph->mst[j].weight) {
                pgraph->mst[j].weight = weight;
                pgraph->mst[j].start_vex = vx;
            }
        }
    }
}
```

(9) 在 main 函数中，根据计算出的生成树的边信息，输出应该建设的地铁路线和总里程，具体代码如下：

```
int main(int argc, char *argv[]) {
    int i;
    float totallen = 0;
    GraphMatrix graph;
    GraphInit(&graph);
    Prim(&graph);
    printf("\n  应建设以下地铁路线!!\n\n");
    for (i=0; i<graph.vexNum-1; i++) {
        printf("  %s<->%s 段,%.2f 公里)\n",
          graph.vexs[graph.mst[i].start_vex],
          graph.vexs[graph.mst[i].stop_vex],
          graph.mst[i].weight);
        totallen += graph.mst[i].weight;
    }
    printf("\n  总路线长%f 公里\n", totallen);
    return 0;
}
```

4. 运行结果

运行结果如图 9.14 所示。

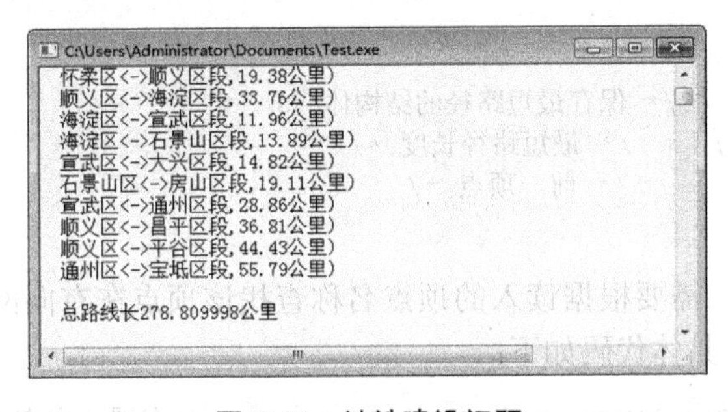

图 9.14　地铁建设问题

问题 11　校 园 导 航

1. 问题描述

当我们参观校园时，就会遇到这样一个问题：从当前所处的位置出发去校园另外一个位置，要走什么样的路线距离最短？本课程设计实例在给出校园各主要建筑的名称信息及有路线连通的建筑之间的距离的基础上，利用校园导航系统计算出给定起点到终点之间距离最近的行进路线。

2. 任务要求

(1) 从地图文件中读取校园主要建筑信息及建筑间的距离信息。

(2) 计算出给定的起点到终点之间距离最近的行进路线。

(3) 输出该路线及其总距离。

3. 分析与实现

(1) 数据结构是有向图网络，采用邻接矩阵作为有向图网络的存储结构，利用迪杰斯特拉算法来求解。

(2) 首先需要定义有向网络的顶点名称为字符数组，边的权值为整型，具体代码如下：

```
#include <stdio.h>
#include <string.h>
#include <limits.h>
#include <stdlib.h>
#define MAXVEX  30
#define MAXNAME 20
typedef char VexType[MAXNAME];
typedef int AdjType;
```

(3) 再次需要定义保存最短路径上节点的数据结构 ShortPath，具体代码如下：

```
typedef struct {
    int n;                                  /* 图的顶点个数 */
    VexType vexs[MAXVEX];                   /* 顶点信息 */
    AdjType arcs[MAXVEX][MAXVEX];           /* 边信息 */
} GraphMatrix;

typedef struct { /* 保存最短路径的结构体 */
    AdjType len;     /* 最短路径长度 */
    int pre;         /* 前一顶点 */
} Path;
```

(4) 当初始化时，需要根据读入的顶点名称查找该顶点在有向网中的序号，定义查找顶点函数 LocateVex，具体代码如下：

```
int LocateVex(GraphMatrix *g, VexType u) { /*在图 g 中查找顶点 u 的编号*/
    int i;
    for (i=0; i<g->n; ++i)
        if(strcmp(u, g->vexs[i]) == 0)
            return i;
    return -1;
}
```

(5) 初始化，从包含建筑及建筑之间距离信息的地图文件(campusnav.txt)中读取建筑数目、建筑间的距离数据、建筑名称及有路径存在的建筑信息，形成图的邻接矩阵。建筑间的距离信息相当于顶点之间边的权，构造有向网络。当两建筑间无直接路径时，用整型最大值代表正无穷。具体代码如下：

```
void Init(GraphMatrix *g) { /* 初始化有向网，读入校园地图文件 */
    int i, j, k, w;
    int edgeNums; /*网中边的条数*/
    VexType va, vb; /*定位边的两个顶点*/
    FILE *graphlist;
    graphlist = fopen("campusnav.txt", "r");
      /*打开数据文件，并以 graphlist 表示*/
```

```
    fscanf(graphlist, "%d", &g->n); /*读入网的顶点个数*/
    fscanf(graphlist, "%d", &edgeNums);
    for (i=0; i<g->n; ++i) /*构造顶点向量*/
        fscanf(graphlist, "%s", g->vexs[i]);
    for (i=0; i<g->n; ++i) /*初始化邻接矩阵*/
        for (j=0; j<g->n; ++j)
            g->arcs[i][j] = INT_MAX; /*有权值的网，无路径则置路径为无穷*/
    for (k=0; k<edgeNums; ++k) {
        fscanf(graphlist, "%s%s%d", va, vb, &w);
        i = LocateVex(g, va);
        j = LocateVex(g, vb);
        if (i!=-1 && j!=-1) { /*两个城市在网中存在*/
            g->arcs[i][j] = w; /*有向网*/
        } else {
            printf("%s<->%s 读取错误,请您仔细检查!!", va, vb);
            exit(0);
        }
    }
    for (i=0; i<g->n; i++) /* 顶点到自身的权值为 0 */
        g->arcs[i][i] = 0;
    fclose(graphlist); /* 关闭数据文件 */
}
```

(6) 在利用迪杰斯特拉算法求解出给定顶点对之间的最短路径的过程中，首先要对求解到的顶点集 U 和待求解顶点集 V-U 及最短路径结构数组进行初始化，然后在 V-U 顶点集中找到最短路径最短的顶点 u 将之并入顶点集 U 中，并从顶点集 V-U 中删除 u，接下来依次调整到顶点集 V-U 中每个顶点的当前最短路径值；直到 U=V 为止。具体代码如下：

```
void Dijkstra(GraphMatrix *pgraph, Path dist[], int start) {
    int i, j, min;
    AdjType minw;
    dist[start].len = 0;
    dist[start].pre = 0;
    pgraph->arcs[start][start] = 1;   /* 表示顶点 start 在集合 U 中 */
    for (i=0; i<pgraph->n; i++)  {   /* 初始化集合 V-U 中顶点的距离值 */
        dist[i].len = pgraph->arcs[start][i];
          /* 初始距离为给定起始点到各顶点的边的权值 */
        if (dist[i].len != INT_MAX)
          /* 若边存在，则顶点 i 的前趋顶点为 start；若不存在，置为-1 */
            dist[i].pre = start;
        else
            dist[i].pre = -1;
    }
    dist[start].pre = -1; /* 出发点的前趋置为-1 */
    for (i=0; i<pgraph->n; i++) {
        minw = INT_MAX;
        min = start;
        for (j=0; j<pgraph->n; j++)
            if ((pgraph->arcs[j][j] == 0)
              && (dist[j].len < minw)) { /*在 V-U 中选出距离值最小的顶点*/
```

```
                minw = dist[j].len;
                min = j;
            }
        if (min == 0) /* 没有路径可以通往集合 V-U 中的顶点 */
            break;
        pgraph->arcs[min][min] = 1;
        /* 集合 V-U 中路径最小的顶点为 min，置访问标志 */
        for (j=0; j<pgraph->n; j++) { /* 调整集合 V-U 中的顶点的最短路径 */
            if (pgraph->arcs[j][j] == 1) /* 该顶点已经并入，不用再考虑 */
                continue;
            if (dist[j].len > dist[min].len+pgraph->arcs[min][j]
              && dist[min].len+pgraph->arcs[min][j] > 0) {
                dist[j].len = dist[min].len + pgraph->arcs[min][j];
                dist[j].pre = min;
            }
        }
    }
}
```

(7) 在 main 函数中，先对有向网络进行初始化，再调用迪杰斯特拉算法求出有向网络给定顶点间的最短路径，将结果保存到最短数组中，找到路径上的各个顶点及顶点间的距离并输出。具体代码如下：

```
int main(int argc, char *argv[]) {
    GraphMatrix graph;
    Path path[MAXVEX];
    int tmp, cnt=0, pre=-1;
    int temppath[MAXVEX];
    int m, n;
    VexType va,vb;  /* 待查询的两个地点 */
    long totallen = 0;  /*总路径长度*/
    long curlen = 0;   /*当前路径长度*/
    Init(&graph);
    printf("\n 请输入您要查询的起点和终点\n ");
    scanf("%s%s", va, vb);
    m = LocateVex(&graph, va);  /*查找图中的两个顶点*/
    n = LocateVex(&graph, vb);
    if (m!=-1 && n!=-1) {  /*两个顶点都在图中，则找出二者间的最短路径输出*/
        Dijkstra(&graph, path, m);
        /* 因为求得的路径上顶点是从终点推到起点，现在将之逆置 */
        for (tmp=0; tmp<MAXVEX; tmp++)
            temppath[tmp] = -1;
        pre = n;
        while(path[pre].pre != -1) {
            temppath[cnt] = pre;  /* 保存逆序顶点序列 */
            pre = path[pre].pre;
            cnt++;
        }
        temppath[cnt] = m;
        if (cnt <= 0) { /* 没有路径 */
```

```
            if(m != n)
                printf("%s->%s 无路可走\n!", graph.vexs[m], graph.vexs[n]);
            else
                printf("您输入的顶点重合!\n");
        } else {
            tmp = cnt;
            printf("%s->", graph.vexs[temppath[tmp]]);
            for (; tmp>0; tmp--) {
                printf("%s(%d)->", graph.vexs[temppath[tmp-1]],
                  graph.arcs[temppath[tmp]][temppath[tmp-1]]);
                totallen += graph.arcs[temppath[tmp]][temppath[tmp-1]];
            }
            printf("共:%d\n", totallen);
        }
    } else {
        printf("(%s<->%s)中有不存在的城市,请您仔细检查!!", va, vb);
    }
}
```

4．运行结果

运行结果如图 9.15 所示。

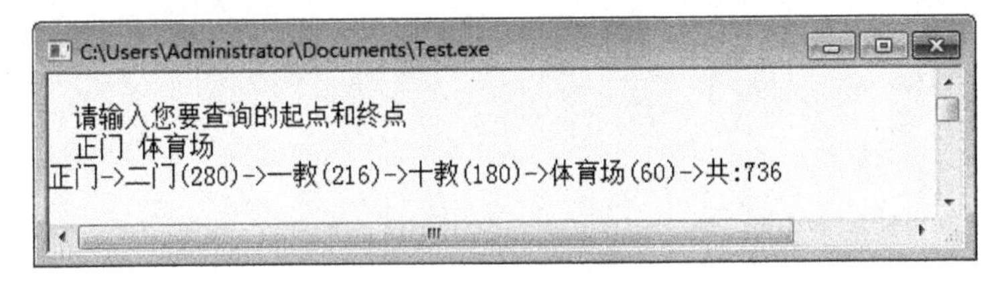

图 9.15　校园导航

参 考 文 献

[01] 毛养红，等. 数据结构实验指导教程[M]. 北京：清华大学出版社，2015.

[02] 杨海军，等. 数据结构实验指导教程(C 语言版)[M]. 北京：清华大学出版社，2014.

[03] 邓文华. 数据结构实验与实训教程[M]. 4 版. 北京：清华大学出版社，2015.

[04] 李业丽，等. 数据结构实验教程(基于 C 语言)[M]. 北京：清华大学出版社，2014.

[05] 王国钧，等. 数据结构实验教程(C 语言版)[M]. 2 版. 北京：清华大学出版社，2015.

[06] 唐国民，等. 数据结构实验教程(C 语言版)[M]. 北京：清华大学出版社，2011.

[07] 张凤琴. 数据结构实验教程[M]. 北京：清华大学出版社，2006.

[08] 滕国文. 数据结构课程设计[M]. 北京：清华大学出版社，2015.

[09] 厉旭杰，等. 数据结构课程设计编程实例——基于 Win32 API 编程[M]. 北京：清华大学出版社，2014.

[10] 李建学. 数据结构课程设计案例精编(用 C/C++描述)[M]. 北京：清华大学出版社，2007.